向美而生

零装感的家这样设计

聂洋 —— 编著

江苏凤凰科学技术出版社
南 京

前言

你的模样，决定家的模样

关于新房装修，大家会想到什么？恐怕很多人都会连连摆手，觉得这是一件苦差事。一些人会提前在网络上搜索装修的关键词、浏览大量美图，在脑海里构想家的模样；另一些人则会聘请专业的设计团队，来帮助自己打造理想中的家……其实装修没有你想象中那么难，在按照传统思路打造之前，不妨先想想自己对未来家的期许。

我是一个对家充满向往的人，希望新家有我喜欢的颜色，装饰画是我爱看的电影海报，还要有足够多的储物柜，甚至每一块地砖都是由我精心挑选的。而我的先生，对家的要求则相对简单，有一张能安稳休息的床、有一台能上网打游戏的电脑就足够了。你看，在同一个空间里，每个人对家的需求是不一样的，因此他配合我把家装成了我喜欢的样子，我也在没有书房的条件下，给他找到了安放电脑的大书桌。

在装修之前，不妨多多考虑每位家庭成员的实际需求，不要一上来就先考虑风格。如今，越来越多人的家难以简单地用风格去归类、去定义，但它们对家里的每个人而言都是很实用的，住起来也很舒服，还有许多“独家记忆”，这就是家最好的模样，也是“零装感”的真正要义——**将居住者的核心需求作为家居设计的内核。**

有句话大家一定不陌生：轻装修，重装饰。这也是本书所强调的理念。装修的基础工程（硬装）终有结束的一天，而家的软装自你住进去那一刻起才刚刚开始，需要你和家人根据自己的个性和生活习惯慢慢塑造家的模样，从某种意义上来讲，装修永未完成。

在为装修做准备的过程中，我们可以多学习优秀设计案例中的闪光点，吸取其精华，然后灵活运用在自己的家中。如果你想探寻更多“零装感”的家的奥秘，就让我们一起打开这本书，来一场特别的家居装饰之旅，也希望每个人都能打造出实用、舒适的理想家！

目录

第 1 章

就是爱住
零装感的家

220 平方米

家庭成员：**夫妻 +1 个孩子 +2 只猫咪**
房屋格局：**4 室 2 厅 2 卫**
主案设计：**李姝霖**
设计亮点：**开放格局、善用拉门**
使用建材：**黑框玻璃门、水泥色瓷砖、水泥岩板**

空间设计和图片提供：壹阁设计

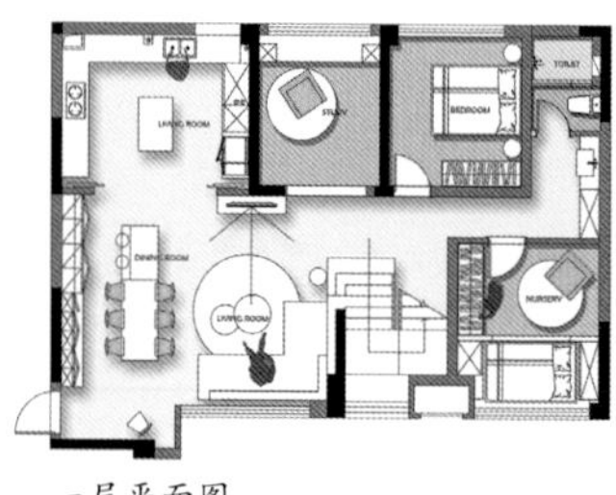

一层平面图

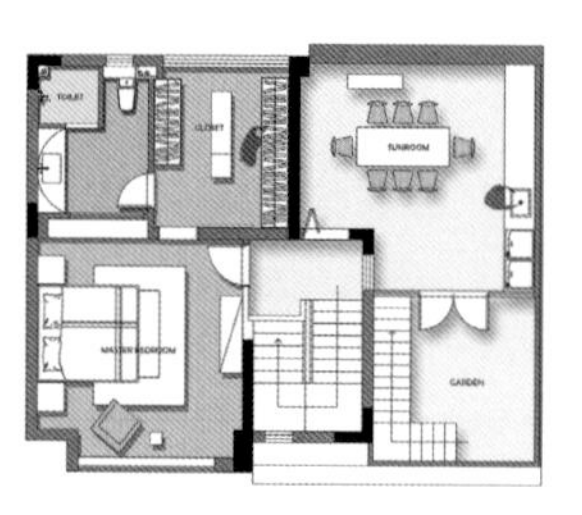

二层平面图

①

NANA

开放格局 + 阳光房，给予家人强烈的归属感

于家而言，好的空间格局既能促进家人的沟通，又能保证彼此拥有适当的隐私距离。这套复式住宅原始结构存在大量的隔墙，每个空间都不够宽敞，因此设计师根据一家三口的生活习惯和喜好，敲掉多余的隔墙，将卧室以外的区域做成开放式，让其身处不同区域抬眼就能看到彼此，增强日常的互动性。

此外，设计师还根据屋主的需求，把二层露台改造为阳光房，绿植、原木、藤编元素、纱帘……屋主的“居心地”也由此诞生。

阳光才是最好的装饰

一层是开放空间，光线可以在整个空间自由“游走”。客厅的软装风格则是最简单不过的了，以干净的白色打底，家具为素雅的莫兰迪色，巧妙地将自然元素贯穿其中，并通过水泥岩板、原木、植物盆栽、藤编地毯、黏土陶罐、棉麻饰物等营造出轻松、自然的氛围。

L 形布艺沙发与同色系抱枕搭配出慵懒的感觉，阳光透过百叶窗，静静地洒落在沙发上，光影在此交会，整个公共空间显得温暖又治愈。

1 公共空间布局开放，即使家人都在各自忙碌，也可随时关注到彼此的动态。
2 从玄关看一层空间，客厅、厨房、餐厅和书房全在一个开放的空间中。
3 客厅家具选择低矮的款式，提升坐卧舒适度的同时，在视觉上拉升层高。
4 墙面挂钩、复古扶手椅和不规则穿衣镜组成的玄关，实现置物、换鞋、整理仪容的基本功能。

餐桌和岛台占据餐厅的核心位置

设计师根据屋主的烹饪习惯，在功能上区分了中西厨。餐厅中心是木质餐桌和白色岛台，为了符合人体工程学的要求，餐桌和岛台根据屋主的身高做了高低差；岛台下方设有储物空间，可以收纳厨房日用品和烘焙工具。一旁的餐边柜既有封闭的收纳空间，又有随拿随放的台面和展示架。

餐厅、厨房之间以黑色玻璃移门做隔断。关上门，可以彻底隔绝油烟；打开后，移门可以完全隐藏在墙缝内，增加空间的通透感。

1 餐厅吊灯采用富有现代感的线条造型，时髦又干练。

2 入户左手边定制整面白色立柜，搭配白色岛台、餐边柜，收纳功能十分强大。

3 为了避免中厨区油烟扩散，设计师采用了黑色细框玻璃门。

4 电视背景墙后面是开放式书房，飘窗两侧的回字形书架和下方的柜体提供了丰富的储物空间。

楼梯犹如艺术装置般耸立在空间中，设计师把沙发后面的边柜和楼梯台阶做了衔接处理。

1 灰蓝色背景墙复古沉稳，展现出独特的时尚范儿。

2 设计师将外露阳台打造为屋顶阳光房，把墙面粉刷成清新的绿色，木质、藤编元素、大量绿植的加入，赋予空间乡村闲适感。

以舒适性为主的私人套房

改造后的二层，被规划为主卧和阳光房，因此能够很好地保证私密性。40 平方米的超大主卧，包括独立衣帽间、卫生间，称得上是功能齐全的私人套房。

因空间足够大，储物空间不再是刚需，舒适感才是设计的重点，设计师力图营造放松身心、释放压力的氛围。摈弃多余的装饰手法，鱼骨拼的木地板和灰蓝色墙面，营造出有助于睡眠的柔和氛围。

100 平方米

家庭成员：**夫妻 +1 个孩子 + 父母**
房屋格局：**3 室 2 厅 1 卫**
主案设计：**黄诗婧**
设计亮点：**氛围营造、软装搭配**
使用建材：**谷仓门、木饰面、玻璃隔断、六角瓷砖**

空间设计和图片提供：有维空间设计

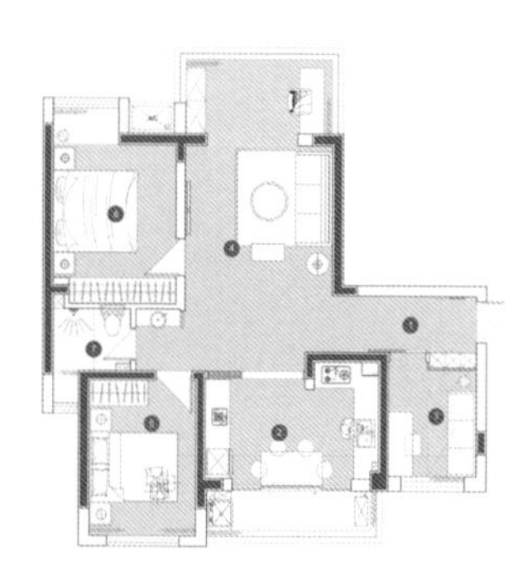

平面图

2

拾光

手工单品 + 老家具，小夫妻低预算打造“阳光度假房”

位于武汉郊区的这套三居室，周围环境清幽、安静。在装修之初，90 后夫妻希望设计师将其打造为婚房，后因小生命的意外到来，两人重新调整思路，将房子的属性定义为周末度假小屋。

在预算有限的情况下，设计师和屋主利用老家具、二手家具以及各种 DIY 单品，让家有了与众不同的格调和独特的温度。在这里，屋主能够感受到艺术与生活的完美结合。

嵌入式柜体 + 豆沙绿谷仓门，进门就有度假感

进门左手边是嵌入式大容量收纳柜，柜体三等分，线条利落，让家变得更为简洁舒适，同时增大视觉面积。白色占据空间的大部分，但豆沙绿谷仓门提供了视觉焦点，将人带入自然的氛围当中，同时增加变化感。不规则穿衣镜如同装裱在墙上的画，兼具实用性和艺术性，丰富空间意趣。

1 在白色的衬托下，更能凸显豆沙绿谷仓门的淡雅和宁静。

2 不规则穿衣镜巧妙调动起整个空间的氛围。

3 从阳台看餐厅，公共空间通透明亮，光线最大化进入室内；木饰面墙体和主卧门是一体的。

4 以餐桌为中心打造餐厨一体化空间，阳台和餐厅之间采用玻璃隔断，不阻挡光线。

5 餐厅墙上的小挂画是设计师亲手制作的，赋予餐厅独一无二的温馨感。

家具不仅仅是家具，更是传承情感的方式

客厅以白色为主基调，家具未使用饱和度较高的色彩，尽显淡雅、简约；地面采用原木色地板，墙面大量留白，带给空间更多的可能性和放松感。软装饰品大多选用藤编、棉麻、原木、陶土等天然材质，旨在让空间回归质朴、本真的一面。

一两件老式家具的点缀为空间注入更多温度，用父母结婚时的胡桃木箱做储物茶几，在老式腌菜坛里种下绿植，“旧瓶装新酒”，不仅让旧物重新焕发生命力，老一辈与新一代的情感也得以承接与延续。

1 纯净的色彩塑造温馨的居住氛围，搭配朴素的家具，构成轻盈、充满呼吸感的画面。
2 二手沙发、牛皮编织的小坐凳和黄麻编织的地毯与老家具十分协调。
3 胡桃木箱使用痕迹明显，经过简单的打磨修复，在新家里继续“发光、发热”。
4 在老式腌菜坛里种下绿植，新旧美学的撞击，带来独特的视觉观感。

无限留白带来的治愈感

设计师深解“少即是多”的奥妙，在卧室设计上，将留白进行到底。推开隐形门进入主卧，设计师延续客厅朴素的设计理念，省去床头背板，以白色和原木色为主色调，搭配素雅的床品、搭毯，营造舒适的睡眠氛围。墙面上线条简洁的挂画富有艺术气息，猪肝红线形吊灯作为色彩点缀，增强空间的趣味性。

次卧是老人房，窗外刚好是公园，视野开阔。为了节省预算，设计师亲手制作了床头藤编装饰挂件，灯具选择了宣纸罩款式，色温柔和、不刺眼，充分考量了老人的视力特点，还能增强空间的层次感。

1 主卧的门洞藏在沙发对面的墙上，推开房门，是另外一个安静的小世界。

2 床头柜采用不对称造型，一侧是小巧的床头柜，另一侧摆放了牛皮编织的小凳。

3 猪肝红吊灯为卧室增添色彩点缀，自制芦苇装饰摆件提升细节的精致度。

4 藤编装饰挂件是设计师亲手制作的，颇具度假风，深得老人喜爱。

5 视野开阔的老人房，拉开窗帘，每一天都能享受度假般的惬意生活。

80 平方米

家庭成员：夫妻 + 3 只猫
房屋格局：2 室 2 厅 2 卫
主案设计：周琛、杨迪
设计亮点：环形动线、阳台花园
使用建材：手工釉面砖、马赛克瓷砖、复古花砖

空间设计和图片提供：路塔路塔工作室

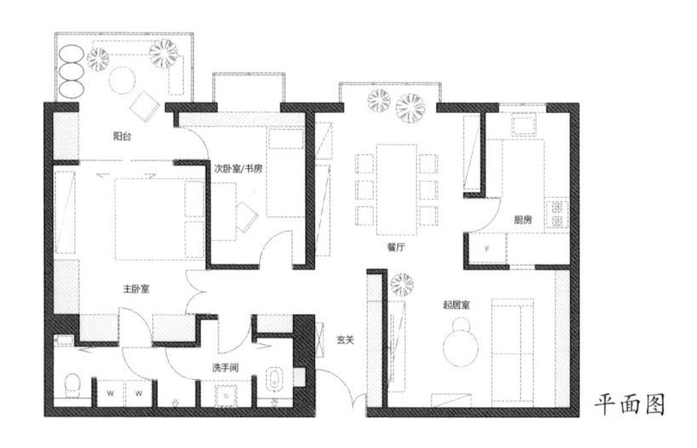

平面图

3

收藏者之家

三大环形动线
高效串联起
80 平方米小家

屋主是一对年轻夫妻，养了 3 只可爱的小猫，平时喜欢栽培花花草草。男主人是名厨师，女主人从事文化类工作，两人有大量的器皿类藏品，对欧洲中古家具和传统中式家具也情有独钟，希望在自己的家与这些心爱之物和谐共存。

针对屋主的需求，设计师对房间格局进行了较大的改动，对调客厅、餐厅位置，把餐厅放在阳光更充足的地方，以餐桌为核心形成一条公共空间的环形动线。卧室另有两条环形动线，高效串联起屋主生活中的种种场景。

1

新建隔墙，嵌入柜体，自然形成入户玄关

原户型无玄关，设计师在入户区和客厅之间新建了一堵隔断，墙体内嵌入收纳柜，满足进门的储物需求；柜体对面摆放中式条案，集中放置屋主的中式藏品。

摆满中古风家具的“宝藏”餐厅

对调客厅和餐厅的位置，将餐厅置于阳光最充足的地方。餐厅像一个小型家具博物馆，中间摆放了一张 2 米长的樱桃木餐桌，方便屋主在家招待朋友；温莎椅是欧洲中古货，为空间增添厚重的格调。餐厅东侧打造墨绿色凹龛，预留的尺寸刚好放下樱桃木餐边柜；西侧摆放了柚木长柜和樱桃木高柜。

2

1 从走廊看玄关，玄关柜设计有专门展示器皿的格子。

2 从餐厅看入户玄关，地面铺贴了花砖，巧妙过渡。

3 餐厅和厨房之间以一扇黑框玻璃门做区隔，动线合理。

4 餐边柜收纳、展示着屋主四处淘回来的手工陶土摆件和各类玻璃杯具。

5 从厨房看餐厅西侧展示墙，柚木中古长柜和樱桃木高柜错落有致。

6 樱桃木高柜是之前的旧家具，柔和的玻璃吊灯是餐厅的视觉中心。

一扇室内玻璃窗串联起厨房和客厅

改造后，客厅成了暗厅。为了改善客厅采光，设计师在厨房的墙面上增设了一扇室内玻璃窗，这样男主人在做饭时也能与沙发上的女主人进行交流。吊顶侧面特别增加了磁吸灯带，以满足客厅的基础照明。

厨房的设计偏复古风格，白色手工釉面砖搭配墨绿色烤漆柜体和复古花砖，清爽自然；台面是黑色达克密瓷，硬度高，可以直接在台面上切菜。台面高度根据男主人的身高进行调整，左侧台面新增 40 厘米深度，专门用来放置各类厨房小电器。

1 白色手工釉面砖、墨绿色烤漆橱柜和蓝红色花砖搭配出清爽整洁的厨房。

2 烹饪工具特写，能上墙的统统上墙，巧妙利用立面空间。

3 设计师在墙上装了几面黄铜小镜子，让客厅显得不那么沉闷。

4 沙发左侧的玻璃窗为暗厅带来自然光，射灯、长臂灯和磁吸灯带丰富了照明层次。

5 柚木中古电视柜搭配绿色背景墙、中式榆木小方几，别有一种古朴的美感。

1 主卧和阳台之间隔着一扇玻璃推拉门，拉开窗帘，满眼绿意。

2 主卧床尾壁龛里摆放了一个中古柜，展示着屋主的心爱之物。

3 次卧开了一扇通往阳台的门，与主卧形成一条回形动线。

牺牲部分主卧面积，收获一个超级大阳台

压缩主卧空间，扩大阳台面积，形成第二个家庭公共活动区域，同时满足屋主在阳台上种花、聚餐、拍照的多重需求。主卧采用简约的复古风设计，深色床品搭配中古风家具，提升空间质感。设计师在次卧和阳台连接处开了一扇门洞，与主卧、阳台共同组成了一条回形动线。

夫妻俩精心布置的阳台成了这个家超级治愈的植物角，地面是小六角马赛克拼花瓷砖。

80 平方米

家庭成员：**夫妻**
房屋格局：**2 室 2 厅 1 卫**
主案设计：**本空设计**
设计亮点：**拱形门、弧形线条、收纳设计**
使用建材：**玻璃门、大理石瓷砖、定制橱柜**

空间设计和图片提供：本空设计

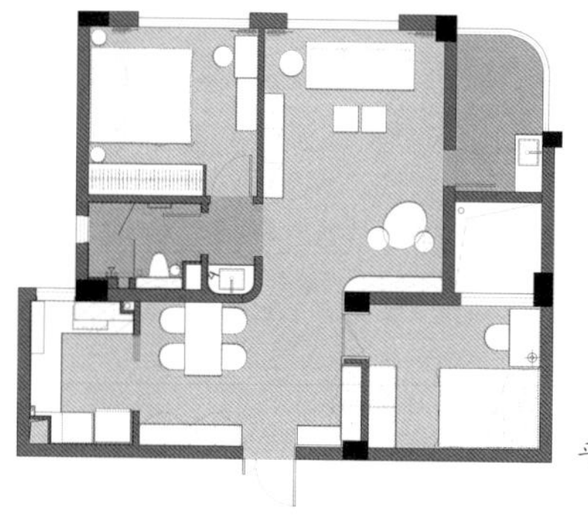

平面图

翡翠城

简约、实用，
打造井井有条的极简家

在装修风格不断变化的今天，屋主希望回归本心，不追逐潮流，一切以实用性为基础。夫妻俩平时喜欢收纳，“家如其人”，他们也希望自己的房子井井有条、明亮通透。

设计师以“收纳、简约、通透”为关键词，细节处理考究，为屋主打造了一个理想的家。家是住出来的，装修有尽头，但生活始终在继续，大面积的留白都在等着屋主根据自己的喜好，慢慢填充出自己喜欢的样子。

1

2

吃饭、收纳两不误

入户左侧是餐厅和厨房，原始户型餐厅采光受限，设计师扩大厨房门洞，使用三片组合式细框玻璃推拉门，将自然光引入餐厅，屋主做饭时出入两个空间也更加自如。整面餐边柜可以将各种家政物品收纳其中，柜门特别选用了隐藏式把手，视觉上更统一。

厨房的 U 形台面紧凑、好用，搭配搁板等“收纳神器”，让空间看起来井井有条。考虑到屋主的生活习惯，设计师将洗衣、烘干一体机放置在厨房，让阳台回归单纯的休闲功能。

1 相比常见的两扇玻璃推拉门，三片组合式更不占空间。
2 布局紧凑的 U 形厨房，洗衣、烘干一体机做嵌入处理。
3 次卧隐形门与鞋柜使用了相同材质，柜门为按压式，保证立面的清爽感。
4 从餐厅看入户区，通透、明亮，屋主说“每天推开门，幸福感就扑面而来”。
5 餐厅与客厅的通道处，墙角和吊顶被设计成圆弧形，柔化了动线，让光线自由穿行。

“少即是多”，让沙发、书架成为客厅主角

屋主理想中的客厅是宽敞、明亮的，可以窝在沙发上看一整天的书，最好还有一个小小的工作区，因此客厅硬装设计偏向简洁，沙发、书柜、茶几、单椅的体量较小，空间充满呼吸感，屋主可根据日后的生活需求灵活摆放。

客厅采用无主灯照明，符合屋主追求的居家氛围，轨道灯、暗藏筒灯能够保证基本的亮度；书柜对面的墙体上预留了投影幕布凹槽，未来如有观影需求，可直接安装投影幕布。

1 客厅全景，没有华丽的装饰，沙发和书架才是空间的主角。

2 家具轻盈、灵动，双人位布艺沙发配上单椅，足以满足使用需求。

3 沙发对面定制了一组书柜，日后放一张书桌，就是家庭办公区。

4 橙色的装饰画、抱枕，制造出简单却抢眼的视觉亮点。

5 低矮的铁艺书架上摆满了屋主喜爱的书籍，赋予空间高雅的格调。

3

4

5

一抹经典蓝让卧室氛围更沉静

主卧面积较小，好在夫妻俩大部分的时间都在客厅待着，这里只需要营造简单的睡眠氛围。硬装上没有大的改动，着重从软装着手。床头背景墙涂刷蓝色乳胶漆，塑造出沉静而精致的睡眠空间。灰色布艺双人床简洁、好打理，零星点缀些金色、橙色，为空间增添几分趣味。

1 黄铜床头灯、橙色挂画与蓝色背景墙形成强烈的色彩对比。

2 卧室使用白纱帘，这种自带柔光滤镜的材质，让空间更显安静文艺。

3 设计师以拱形门作为卫生间的入口，呼应客厅线条；干区采用墙排式下水，搭配入墙式水龙头，整洁清爽。

4 卫生间三式分离，壁挂式马桶不留卫生死角，水箱上面定制收纳柜，淋浴区顺势做壁龛，可随手收纳洗浴用品。

空间设计和图片提供：独立设计师张冬月

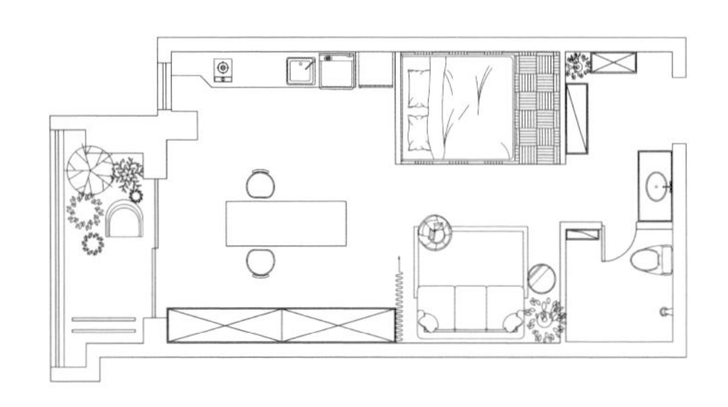

平面图

星夜

花 20 万元改造出租房，房子是别人的，生活才是自己的

这是独立设计师张冬月在北京居住的第九套房子。房子原本是一间开放的办公空间，设计师长租下来之后，决定把屋子装修成自己喜欢的样子。考虑到房子是出租房，她在硬装上没有做过多改动，主要通过色彩、布艺、灯光等方式来实现空间的软性分隔，且大部分的装修花费都集中在自己中意的家具上（毕竟以后可以带走）。

最后总改造费用大概是 20 万元，设计师为自己打造了一所惬意、舒适又高效的住宅。

藤编吊灯、大型绿植、蓝色星空挂画装点的玄关

入户是一堵隔断墙，设计师顺势保留下来，形成独立玄关。正对门的位置放了一个 2 米长的黑色鞋柜，柜体内放鞋，台面上陈设着设计师常用的香水和心爱的摆件，既方便随手拿取，也起到了装饰作用。

墙面上的圆形挂画是来自丹麦哥本哈根艺术家安娜 · 诺瓦克（Anne Nowak）的作品——《星空》，深邃的蓝色充满艺术格调，制造出视觉焦点，同时渲染出入户的仪式感。

1 侧墙增加了一个书柜，以补充玄关收纳空间，藤编吊灯打开后，影子落在墙上，格外好看。

2 玄关摆放了一株高大的绿植，进门便能感受到扑面而来的生机。

3 玄关左侧是卫生间，简单做干湿分离，提升空间利用率。

4 为了保证洗手台台面的整洁，设计师特别选用了台下盆，旁边的手形花器设计感超强。

5 浴室墙面和地面统一铺贴水磨石砖，洁具均选用黑色，突出素雅的高级感。

3

4

5

拼接撞色墙，投影幕布当门，地台做床

客厅地面通铺黑色地板，却不显压抑，搭配多彩几何拼贴墙面以及藤编沙发、摩洛哥风情皮墩，赋予空间强烈的造型美感。沙发正对着卧室，设计师用投影幕布代替门，巧妙处理了公共和开放的关系，即使一个人居住也能模糊空间界限。客厅和书房之间设计了一道纱帘，看电影时拉上，提供超棒的观影氛围。

卧室由三面墙围合而成，充满安全感。墙面选用和客厅一致的红蓝色块，搭配暗橘色床品，冷暖撞色，恰到好处。设计师未选择成品床，沿墙用奥松板定制了 1.9 米 ×3 米的地台，并在台面上刷清漆，放上床垫直接就能使用。卧室只保留一盏筒灯，柔和的光源打到墙面上，正适合酝酿睡意。

1 暖色灯光搭配暗色调几何拼贴墙面，让人心生宁静之感。

2 卧室和客厅之间用投影幕布进行软性分隔。

3 沙发旁的月球灯搭配解压挂饰、枝条舒展的春羽，营造出一方静谧的空间。

4 床尾摆放了一把藤面椅，呼应全屋的藤编元素，每一件单品都展现了屋主的独特审美。

5 床的三面都是墙，像一个独立的小卧室，蓝红色块与客厅拼贴墙面相呼应。

家庭办公区、衣帽间、餐厅，可随时切换的多功能区

靠近阳台，将光线最好的地方留给书房，相比客厅的慵懒度假风，这里的基调显得更为硬朗。暗橘色绒布帘搭配黑色办公桌和线条感极强的金属单椅，既美观又能满足功能需求。暗橘色绒布帘后面是整墙衣柜，4 米长的柜体能收纳下四季的衣物，连被子和行李箱也能放得下。布帘代替柜门，大大节省了预算。

书房对面是厨房，设计师以百叶帘做隔断，平时做饭时全部拉起来，尽可能隔离油烟。厨房墙面也选用水磨石砖，与灰蓝色橱柜相搭配，保持全屋基调的统一。

1 书房既是办公区，又是餐厅、衣帽间，主角是超长的绘图桌，也能满足朋友来聚餐的需求。

2 纱帘、百叶帘、绒布帘、投影帘，室内的软隔断的运用堪称小户型空间设计的典范。

3 因预算有限，厨房未做吊顶，抽油烟机外露的管道用百叶窗进行遮盖。

4 阳台是全屋唯一的采光源，设计师将其打造为植物角，她说“植物会给一个房间赋能，带来生命力和舒适感”。

50 平方米

家庭成员：**夫妻**
房屋格局：**1 室 1 厅 1 卫**
主案设计：**刘畅**
设计亮点：**开放格局、架高设计、色彩搭配**
使用建材：**木饰面、黑色岩板、百叶窗**

空间设计和图片提供：独立设计师刘畅

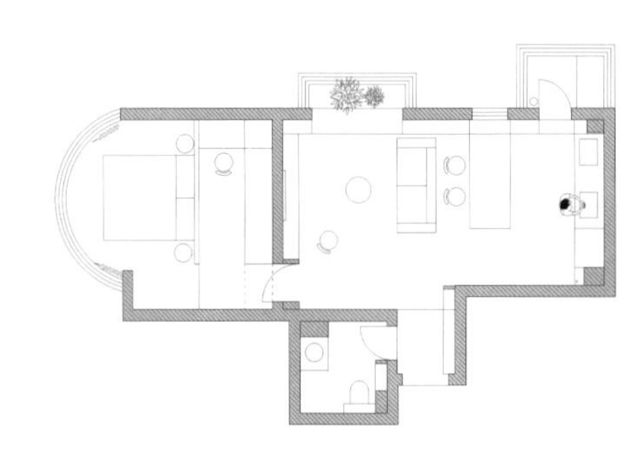

平面图

黑白分明的家

50 平方米二手房改造，颜值、收纳功能、实用性翻倍

房子是标准的小户型——1 室 1 厅 1 卫，空间十分紧凑。在互联网行业打拼多年的屋主，非常清楚自己想要什么样的生活，她喜欢黑白分明的感觉和些许的跳色，欣赏视野开阔的家居空间，外出旅行时亦喜欢收藏各类装饰画、工艺品等，希望设计师把自己的喜好完全融入家居生活当中。

设计师以极简的黑与白锻造空间包容的底色，并通过细节的设计和局部的跳色处理带给人视觉美感，打造与屋主气质相符的空间氛围。

统一的黑色块巧妙划分出功能区

玄关的防盗门、墙面、地面、顶面均选择了黑色材质，形成统一的视感。为了满足居住者的收纳需求，进门右侧增设一排到顶柜体，屋主进门脱换的鞋子、衣帽、包包等，都有了容身之所。

1 六层白色置物柜很好地衔接了玄关和客厅，方便屋主收纳零碎物品。

2 从客厅看玄关，玄关像一个黑色的盒子，酷感十足。

3 采用通透的LDK（客厅、餐厅、厨房为一体）布局，在客厅中加入红色、蓝色等跳跃的色彩，色彩配比恰到好处。

4 为了使电视机看起来是内嵌的，设计师将主卧门外移，与电视机柜齐平。

5 屋主收藏的各种装饰画被安排到玄关一侧的白墙上，充满艺术气息。

开放式格局 + 搭积木式收纳柜，美观和实用并存

公共区域呈开放布局，设计师打通客厅、餐厅和厨房，营造通透、明亮的空间感。沿飘窗定制整面储物柜，该设计灵感来源于国外网站上搭积木式的柜体造型，有藏有露，兼顾储物和展示需求；柜体最上面单独做固定柜门，里面隐藏着新风系统管道，美观和实用并存。

3

4

5

黑白对比，塑造色彩的韵律感

沙发背后是屋主一直心心念念想要的吧台，迷你吧台完全能满足夫妻两人的用餐需求。吧台台面选用黑色岩板，色彩上与玄关柜、电视机柜相呼应。

厨房的主色调是白色，白色的橱柜、台面、水龙头、台下盆和电冰箱等带来清爽、干净的视觉感受。吊柜顶部依然“藏”了新风系统管道，橱柜左侧设计有小型酒柜，刚好将烟道包了进去。

1 飘窗边特意设计了花池，景观设计师选种了尺寸适宜又耐晒的植物，远看像一幅画。

2 蓝色单椅造型独特，可随意摆放，让整个空间更为出彩。

3 白色柜门内存放不常用的东西，原木色盒子外凸 2 厘米，营造出立体的视感。

4 两盏红色吊灯格外亮眼，恰到好处地活跃了空间氛围。

5 细节处，台下盆和水龙头也统一选用了白色，清清爽爽。

1 睡眠区和梳妆区用 1 米高的矮墙隔开，选用与衣柜同款的黑色烤漆板将其包了起来。
2 将睡眠区整体抬高，巧妙划分功能区的同时，也让睡觉更有仪式感。
3 梳妆台在床头矮墙和衣柜之间，黑色亚光衣柜收纳功能强大。
4 床对着圆弧形落地窗，视野开阔，屋主最放松的时刻就是对着窗外的景色发呆。
5 卫生间在进门左手边，整体依然是黑色的，红色浴室柜让视觉层次更丰富。
6 壁挂式马桶可有效避免卫生死角，马桶侧面利用管道的厚度做了一个储物柜。

将黑色进行到底

卧室作为私密空间，设计师对其进行了大胆的改造。空间以黑色为主色调，衣柜、座椅、灯具、五金件等统一选择了黑色，既不破坏整体性，又强化了私人生活的神秘感。

屋主说："即使睡到中午 12 点，房间里一点光线都没有，很适合睡觉。"改造后的卧室分为两个区域，进门右侧是梳妆区，睡眠区整体做抬高处理，让睡觉更有仪式感。

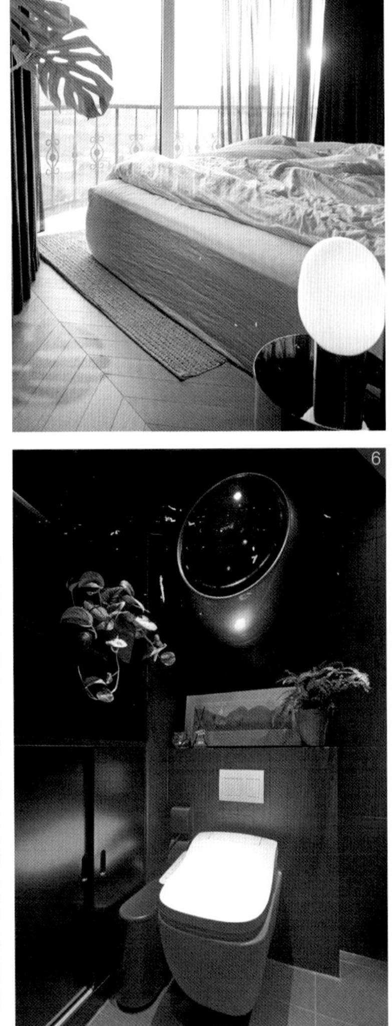

83 平方米

家庭成员：**夫妻 +1 只猫咪**
房屋格局：**2 室 2 厅 2 卫**
主案设计：**李果然**
设计亮点：**开放格局、偷换空间**
使用建材：**六角花砖、长虹玻璃移门、水磨石、白色小方砖**

空间设计和图片提供：薄荷室内设计

平面图

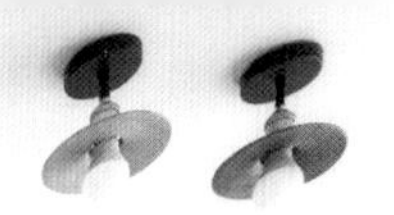

程序员的家

两人一猫的
幸福三重奏

屋主是一对90后程序员小夫妻，热爱旅行、烘焙和一切美好的事物。对于梦想中的新家两人充满了期待："要有电视剧中的开放式厨房；要有一张大长桌，两人可以一起写代码；要有咖啡店一样的餐厅；客厅要足够大；还要给猫咪留个窝……"

还好，这么多的想法都被设计师一一实现了。设计师拆除多余的墙体，将客厅、餐厅和厨房全部打通，将零碎而狭小的空间化零为整，从视觉上扩张空间，增强其统一性，让多元化的生活成为可能。

鞋柜底部挑空并暗藏灯带，实用又美观。

进门就有好心情

入口处六角花砖拼接地板柔和地过渡到室内，进门右侧布设了白色、原木色组合的鞋柜，清爽的色彩搭配予人放松之感。柜体底部留空，用于摆放常用的鞋子，底部暗藏灯带，换鞋时不用弯腰也能看得清。

开放式格局让小家豁然开朗

家中最出彩的设计应该是厨房和餐厅，设计师将厨房完全打开，打造餐厨一体化空间。白色小方砖搭配原木色橱柜，干净清爽，吧台拓展了烹饪的操作空间，台下储物拉篮收纳力十足。

餐厅是一个多功能区，既是就餐区，也是两人的工作区、阅读区。餐桌紧邻吧台布置，一旁的餐边柜上摆放着咖啡机、吐司机等小电器，早餐和下午茶都可以在此轻松搞定。

1 通透的餐厨空间，屋主说“做好的饭菜一转身就可以上桌”。

2 吧台起衔接餐厅和厨房的作用，在家随时可以享受小酌的美好时光。

3 餐边柜的拉门使用的是长虹玻璃，上面摆满了各式小电器。

“半墙主义”正流行

客厅和餐厅也在同一个空间，设计师通过咖啡色半墙将两个空间巧妙地串联起来。屋主客厅没有过多的软装需求，深蓝色布艺沙发与原木色地板、小茶几的搭配，质朴而优雅，再搭配墙面上的艺术挂画、个性摆件，空间显得真实又饱满。简约的天花板设计，凸显出灯光的层次感，并借用灯光效果在视觉上延伸空间。

1

2

1 餐厅和客厅之间摆放了一面穿衣镜，丰富墙面造型的同时，巧妙放大了空间。

2 客厅采用无主灯设计，利用射灯和灯带营造温馨的空间氛围。

3 从阳台能看清客厅、餐厅和厨房的关系，动线流畅，每一处空间都利用合理。

4 搁板上摆满了两人珍藏的小物件，让家显得独一无二。

5 将阳台纳入客厅范围，打造出集洗衣、收纳、种植、休闲于一体的多功能空间。

巧借客厅空间打造隐藏式衣柜

主卧借用客厅的一部分空间，打造整墙到顶的衣柜，嵌入式设计保证了墙面的整体感，同时消减了衣柜的存在感。两面墙的大衣柜是设计师留给屋主的最大惊喜，拥有超强的储物功能，加上床尾高低错落的收纳柜，四季的衣物、不常用的床品和行李箱等都有了合适的归宿。

次卧的采光条件欠佳，设计师拆掉原始房间的隔墙，改为整面的长虹玻璃移门，巧妙借用客厅的自然光，在视觉上形成“隔而不断”的空间效果。软装布置依然是清新风格，床头的装饰画均出自女主人之手，家的每一处都打上了自己的标签。

1 主卧两面墙的大衣柜实用性超强。

2 床头摆放着屋主喜爱的画作，搭配素雅的格子系床品，烘托出岁月静好的氛围。

3 床尾处摆放着一高一低两个收纳柜。

4 主卧床头延续了公共空间的半墙设计，黄铜吊灯赋予空间轻奢质感。

5 次卧刚好可以放下一张床和一个小书桌，墙面上的洞洞板收纳着两人收集的可爱摆件。

6 卫生间干湿分离，水磨石地砖延伸到墙面，搭配暗粉色和黄铜元素，轻奢感十足。

3

4

5

6

70 平方米

家庭成员：夫妻 +1 个女孩
房屋格局：3 室 2 厅 1 卫
主案设计：李凯
设计亮点：整面书墙、色彩搭配、拱形门
使用建材：水磨石地砖、长虹玻璃、磨砂玻璃

空间设计和图片提供：深白设计

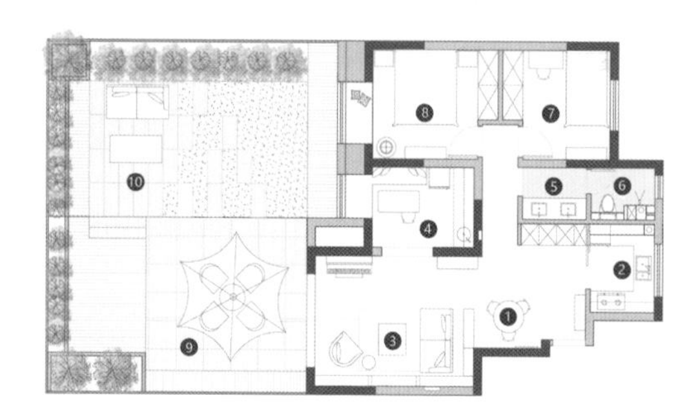

平面图

方寸浪漫

不要客厅，不要电视机，住进全能复古图书馆

屋主是一对年轻夫妻，周末和放长假的时候会带着女儿一起住进这套位于郊外的房子。喜欢看书和喝咖啡的小两口对新房有着清晰的规划：不要客厅，不要电视机，舍弃条条框框的常规设计，完全按照一家人的喜好来布置。

设计师以居住者的核心需求为导向，将客厅打造为家庭图书馆，并通过合理的规划让这个三口之家拥有了一个完全私人化的空间。

一进门复古的气息就扑面而来

玄关以收纳为主，进门右手边的白色鞋柜采用挑空设计，上面摆放钥匙、墨镜等小物件，下面收纳常用的鞋子。正对面定制了整面到顶的柜子，方便存放一家人临时带来的衣物。白色、复古绿的柜门奠定入户基调。

进门左手边是迷你餐厅，简单陈设了一桌三椅。餐厅和客厅之间设置了一个小隔断，隔断上部分是长虹玻璃，透光不透视；下部分是深色储物柜，兼具餐边柜的功能，美观又实用。

1 入户门正对面是整面嵌入式大衣柜，足够存放屋主临时带来的衣物。

2 玄关地面铺贴水磨石地砖，与客厅的人字拼木地板形成对比，巧妙划分了不同的功能区。

3 圆形餐桌小巧精致，满足三口人的用餐需求，白墙上的《戴耳环的少女》采用像素画处理，颇有艺术趣味。

阅读、弹琴，这里是属于一家人的私密空间

夫妻俩平日里工作比较繁忙，业余时间喜欢读书和喝咖啡，他们希望这个家是可以实现工作学习和娱乐放松完美融合的空间。设计师将客厅打造为家庭阅读室，整墙书架可以收纳近千本图书，书柜上方安装有轨道灯，赋予书架墙“主角光环”。

室外是一个 60 平方米的小院子，大面积的落地窗为屋内带来了极佳的采光和开阔的视野，双人位灰色沙发、粉色象腿椅和坐墩呈三角形布局，围合成了一个舒适的阅读区。

女儿喜欢弹琴，设计师在书柜对面摆放了一架钢琴，复古绿墙面和黑色钢琴同为冷色调。另一侧的小边柜里收藏的都是屋主的宝贝，猴子壁灯让这个小角落瞬间活泼起来。

1 能收纳近千本书的大书柜绝对是这个家最大的亮点。

2 通过拱形门，咖啡厅和客厅展开有趣的“对话”。

3 孔雀蓝墙面有油画般的质感，餐边柜用来摆放咖啡机和餐具，临窗卡座提升空间利用率。

4 从咖啡厅看客厅，吊顶和拱门内侧留白，框出迷人的景致。

好好睡觉，好好生活

卧室的设计以舒适为主，孔雀蓝墙面延续公共空间的主色调，让人的情绪变得平静。丝绒面海军蓝大床占据了大部分空间，小巧的绒布坐墩代替床头柜，刚好可以放下一个收纳盒／衣柜上的黄铜把手、黄铜小吊灯和黄铜储物柜彼此呼应，彰显轻奢质感。

儿童房的设计粉粉嫩嫩，主题色为白色和粉色，床品、地毯采用柔软的针织毛绒材质，小白熊玩偶、毛球抱枕、兔子装饰摆件完美呈现了小朋友的童心世界。

1 床尾黄铜储物柜上摆放了绿植、装饰画，美观和实用并存。

2 复古蓝墙面和海军蓝丝绒面大床同为蓝色系，深浅过渡自然，避免了深色调带来的压抑感。

3 梦幻公主房，从色彩、材质到家具尺寸，设计师都从孩子的角度去考虑。

4 卫生间干湿分离，双台上盆的设计可防止水溅到台面上，入墙式水龙头看上去很高级。

5 傍晚的庭院，围墙上挂满植物，点亮灯光，室内外相互借景，形成很好的互动。

86 平方米

家庭成员：**夫妻＋1个孩子**
房屋格局：**3室2厅2卫**
主案设计：**宋小聪、小白**
设计亮点：**格局规划、照明设计**
使用建材：**木饰面、蜂窝状瓷砖、黄铜板、深度碳化木**

空间设计和图片提供：清羽设计

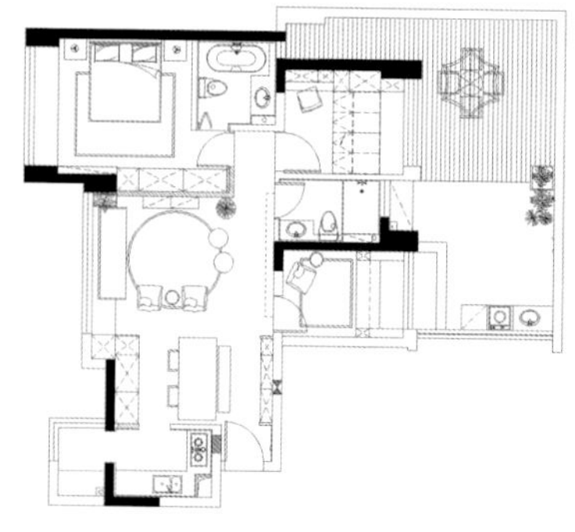

平面图

9

蕴光

向光而生，成都小夫妻的东南亚风情住宅

屋主是一名翻译，曾在印度打拼多年，结束在外漂泊的他，终于回到故乡和妻儿团聚。对于这个新家，他希望能够融入自己的“独家记忆”，阳光、沙滩、咖喱……带点东南亚的度假氛围，这样回到家就能彻底放松下来。

设计师根据屋主的要求，大胆地将竖向客厅变为横向，特别加入43 平方米的收纳空间，打造了一个充满阳光和度假感的家。

假装来到东南亚的海边

进门毫无小户型的局促感，左侧是白色顶天立地收纳柜，可将鞋帽、衣服、包包囊括其中。右侧是餐厅，橡木铁艺餐桌、藤编餐椅搭配原木双人条凳，很容易让人联想起东南亚的露天海边餐厅。餐桌后面是一个嵌入式料理台，用来放置男主人常用的咖啡机、手冲壶，既解放了厨房空间，又带来轻松休闲感。

餐厅旁边是厨房，厨房的设计亮点是橱柜中间的一抹绿，饱和度极高的墨绿色六角瓷砖为空间注入了绿意。为了减少隔断，设计师以亚麻门帘代替传统门板，搭配到顶的木质门框，释放出自然美感。

1 屋主说“进门就有极致的舒适感”，这得益于设计师对格局、色彩和材质的综合把控。

2 一抹绿是厨房设计的点睛之笔，墨绿色六角瓷砖在视觉上分隔了吊柜和地柜。

3 吊柜下方的灯带是厨房的主光源，以亚麻门帘代替传统门板，强调空间的互动性。

4 在洋溢着热带风情的餐厅，铁艺餐桌、藤编餐椅和原木条凳，每一件单品都足够特别。

竖厅改横厅，获得超大投影幕布背景墙

客厅原本是竖向的，开间、进深比例不佳，采光受限，设计师果断将竖向改为横向，开间从 3.3 米拓宽至 4.4 米。舍弃传统的电视背景墙，以一组实木收纳柜代替。窗帘选用木质百叶窗，在保证私密性的前提下，引进自然光和风，并以此呼应草编地毯和蒲团。为了给孩子留下更大的活动空间，茶几也省掉了，一切以屋主喜欢的方式来布局。

设计师将沙发对面的通向公卫和书房的墙面打造成隐形墙，并饰以到顶的原木色饰面板，关上门，整面墙变身为超大投影幕布背景墙。

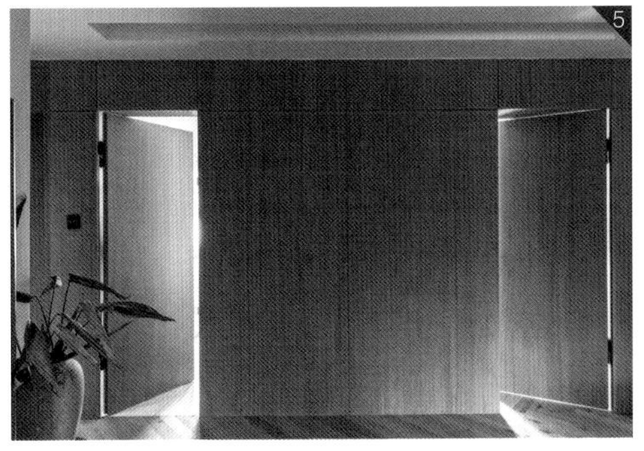

1 百叶窗、收纳柜、草编地毯、绿植，使客厅充满东南亚风情。

2 靠墙是一组收纳柜，错落地摆放上绿植，屋主说“仿佛走入阳光明媚、树影婆娑的清迈小巷”。

3 清爽的过道空间，地毯上摆放着两个蒲团，让家人席地而坐成为可能。

4 关上门，整面墙变为巨幅投影幕布背景墙。

5 沙发对面的背景墙上隐藏着公卫和书房的门洞。

1

无主灯照明——让人内心安静下来的照明

设计师认为，“空间的主角应当是人，并与里面的所有物件产生互动和联系，灯光正是很好的催化剂”。从公共空间到卧室，设计师均采用无主灯照明，通过射灯、灯带、壁灯等来营造空间氛围。

主卧是极简的侘寂风，墙面留白，设计亮点是床头背景墙，采用黄铜板和大理石拼贴设计，黄铜独特的亚光质感，无论对日光、月光还是灯光，都能漫射出不夺目却温暖的光。衣柜设计暗藏着设计师最大的“心机”，巧妙借用客厅空间，在床尾打造整面到顶的大衣柜（容积达 6.6 立方米），非常实用。

2

1 床头两侧采用不对称设计，左侧是云朵吊灯，右侧是茶色伞状玻璃壁灯。

2 隐藏在门后的顶天立地衣柜，储物功能强大。

3 左侧相对开阔，设计师选用了云朵吊灯，为空间带来轻盈感。

4 床尾设计浅浅的壁龛，陈设屋主珍藏的肖像画，搭配插满蒲棒的陶罐，充满艺术格调。

5 书房靠窗打造回字形书架，显得井井有条。

小户型的“诗和远方”

卫生间的设计兼顾实用性和美感。公卫干湿分离，以白色为主色调，淋浴间墙面瓷砖采用波浪形特殊拼贴工艺，搭配细格纹壁龛置物台，简洁又不失异域风情。主卫私密性较强，设置有浴缸，屋主回家后可以躺在浴缸里享受泡沫和香氛带来的放松感。

屋主说：“如度假酒店般的阳光露台才是设计师留给我们的最大‘彩蛋’！”露台面积约 32 平方米，半开放玻璃顶棚不仅可以遮风挡雨，还能与阳光、自然之气无缝衔接。墙面特别选用白色深度碳化木，在阳光下更显清新自然。陶罐里的仙人掌、尤加利、橄榄枝条向光而生，构成家庭植物角。

1 主卫的设计更显私密性，白色浴缸让屋主在家也能体验到酒店的度假感。

2 公卫淋浴间墙面砖采用特殊拼贴工艺，搭配壁龛置物台，不失异域风情。

3 公卫以白色为主调，辅以黑框玻璃隔断，增加趣味性。

4 阳光露台，用心装扮，不用外出旅行，宅家的每一天都像在度假。

5 陶罐里的仙人掌向光而生，屋主说“远方的丛林也不过如此吧”。

6 露台上设置了洗手台，水龙头采用入墙式设计，在阳光下洗洗涮涮，是亲近自然的难得机会。

58 平方米

家庭成员：1 人 +1 只猫
房屋格局：2 室 1 厅 1 卫
主案设计：陈晓辉
设计亮点：V 形墙、收纳设计
使用建材：不锈钢 U 形收口条、石膏板、复古花砖

空间设计和图片提供：凡辰空间设计

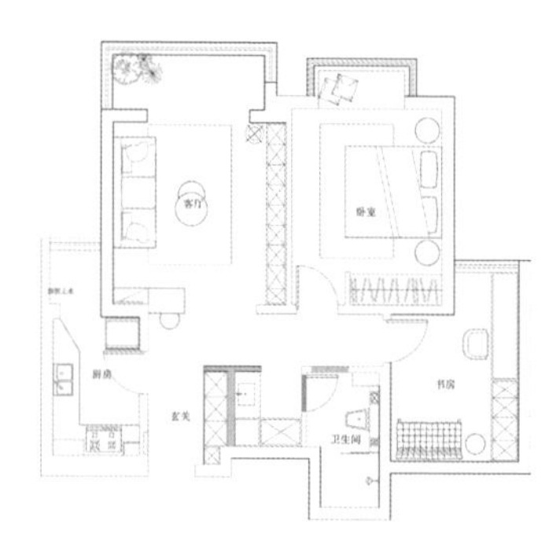

平面图

律师小姐姐的家

一人一猫，静享治愈系美宅

屋主 M 小姐是一名律师，与一只名叫“美娜”的猫同屋而住。因为行业特性，她平时的工作压力非常大，即使下了班也要随时待命未知的工作，所以她非常渴望拥有一个可以包容自己的小家——能让自己在快节奏的生活中偶尔喘口气。

设计师在面积有限的情况下，为屋主打造了一处舒适性和美观性共存的治愈天地。

从无到有，打造精致的入户玄关

原户型无玄关，左侧是厨房，设计师在入户右侧新砌一面轻体墙，并沿墙定制到顶玄关柜，集中收纳生活用品。柜子的对面挂了一面穿衣镜，方便屋主出门时整理仪容。白色玄关柜和入户门看上去十分协调。

投影幕布取代电视机，解锁更多客厅功能

客厅采用无主灯设计，4 盏明装筒灯搭配灯带，能够确保室内的亮度。设计师专门定制了不锈钢 U 形收口条，并使用双层石膏板做了 5 厘米宽的石膏线，丰富顶面空间。沙发背景墙刷浅灰色乳胶漆，亚麻沙发搭配屋主自选的波西米亚风地毯、樟木箱子，别有韵味。沙发对面是整墙定制柜，有藏有露的设计让投影幕布拉上去后不显得单调。

1 最初的方案中柜体采用悬空设计，屋主担心新砌的墙体承重力不够，最终定为柜体落地。
2 屋主对餐厅的需求较低，设计师舍弃传统餐厅模式，以折叠式吧台代替餐桌。
3 地面用花砖做了一圈波打线，为空间带来不经意间的品质感。
4、5 沙发对面安装了投影幕布，其后是进深 40 厘米的收纳柜，空调也能装进去。

V 形墙面，透光、透风、充满设计感

走廊通往卧室和书房，新砌的隔墙将玄关的部分空间包入了卫生间。设计师特意在墙面上做了 V 字造型，镂空设计赋予空间层次感和通透性，这面水泥墙也成为全屋最大的亮点。V 形墙后面是干湿分离的洗手台，洗衣机、烘干机也有了放置的空间。

1 樟木箱子是屋主的父亲专程从老家送来的，作为茶几的代替品，放在客厅毫无违和感。

2 沙发一侧是新晋网红植物——吊钟，小叶密集，轻盈灵动，为室内注入自然野趣。

3 V 形墙是整个空间最吸睛的地方，也是设计师最满意的设计。

4 卫生间干区包括洗手池、洗衣机、烘干机，烘干机上方打满吊柜，充分利用每一寸空间。

5 卧室床头刷孔雀蓝背景墙，借助百叶窗帘调节光线，实现更为细腻、多变的光影效果。

44 平方米

家庭成员：**1 人**
房屋格局：**1 室 1 厅 1 卫**
主案设计：**蒋礼**
设计亮点：**化零为整、色彩搭配**
使用建材：**水磨石瓷砖、石膏板、亚光饰面板**

空间设计和图片提供：成都宏福樘设计

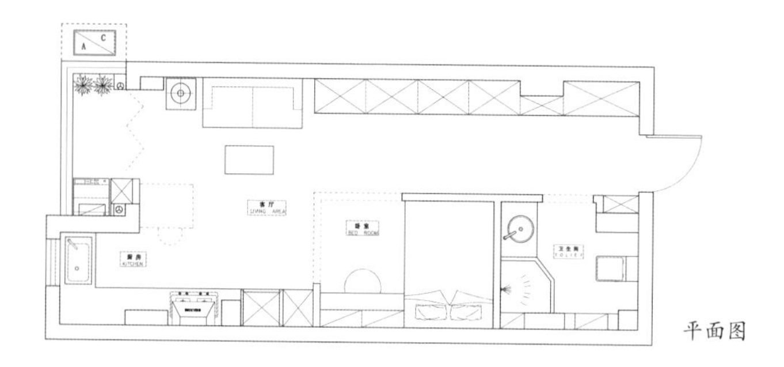

平面图

妩

LDK 格局 + 高级感配色，小家越住越大

屋主是典型的 90 后白领，选择这个二手房的原因是距离公司近——只有几分钟的车程。早上有充足的时间来打扮自己、可以享用简单的早餐，中午可以回家休息片刻，下班后可以窝在家里追剧、网购，再也不用把大把的时间耗费在路上。

在设计师的合理布局下，面积仅有 40 多平方米的房子，客厅、餐厅、厨房、卧室、卫生间一个都没有少，集舒适和美观于一体，整个空间充满呼吸感。

在白、灰、墨绿色为主导的空间中加入低饱和度色彩

设计师以凝练的设计语言，来诠释高品质的空间。客厅以白、灰、墨绿色为主，低饱和度的藕粉色、橙色作为点缀，营造简约时尚的空间氛围。

墨绿色沙发背景墙左右对称，各自又独具设计感。中间的艺术挂画起到点睛的作用，无论色彩搭配还是氛围营造，都能与整个空间相匹配。

沙发对面，设计师用投影幕布代替电视机，以隐藏手法将视听影音设备化于无形，让公共空间的格局变得更为机动灵活。

1

2

1 墙面上的艺术挂画装点出空间的情绪色彩，气质满分。

2 不规则壁灯的加入打破了直线条的规整感，为空间增添些许灵动和自然。

3 沙发对面的投影幕布隐藏在厨房顶部，小家瞬间变身为巨幕影院。

4 餐厅配备了折叠餐桌，完全展开后可供6人使用，搭配一盏吊灯，让用餐更有仪式感。

水磨石地砖搭配墨绿色墙裙，厨房也要美美的

屋主平时很少做饭，因此设计师将厨房完全打开，最大程度获得光源。厨房为规整的 L 形布局，从右至左分别是水槽、切菜区和灶台，动线合理；地面是纹理清爽的水磨石瓷砖，墙面容易接触到油污的地方统一铺贴墨绿色复古瓷砖，简单擦拭就能洁净如新。

1 墨绿色瓷砖如同墙裙，既方便屋主清洁油污，也呼应了客厅的墨绿色。

2 厨房地面铺贴水磨石瓷砖，水磨石独特的肌理丰富了小空间的视感。

为屋主定制与其气质相符的睡眠空间

卧室位于厨房和卫生间之间，为了保证屋内采光，设计师特别采用黑框玻璃移门，睡觉时拉上移门和遮光窗帘，确保私密性。卧室面积较小，配色上以白色为主色调，打造干净利落的空间印象，榻榻米单人床和书桌、收纳柜为现场定制，巧妙解决了睡眠和储物空间的难题。

3 床头的梦露挂画简约又富有艺术质感，起到画龙点睛的作用。

4 卧室家具采用全屋定制，提升了空间利用率。

79 平方米

家庭成员：**夫妻 +2 个男孩**
房屋格局：**2 室 2 厅 1 卫**
主案设计：**王城炫**
设计亮点：**柜墙整合、氛围营造**
使用建材：**水泥砖、大理石、木饰面**

空间设计和图片提供：南也设计

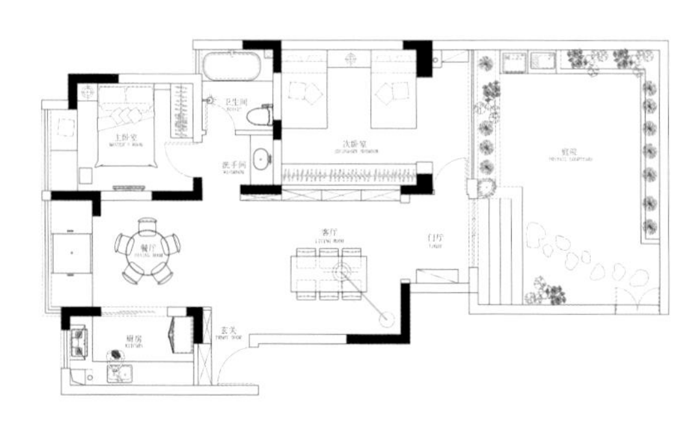

平面图

十月的雪

不要沙发、电视机，用一张大长桌打造家庭核心区

为了方便孩子上学，屋主买下了这栋一楼带小院的房子。在与设计师的沟通中，屋主表达自己的想法，他希望回到家后，家人能围坐在一起阅读、闲聊，而不是窝在沙发上看电视或各自玩手机，因此特意强调客厅不要沙发、不要电视机，也不刻意要求特定的家居风格，舒适、自然即可。

在满足了日常生活的需求之后，设计师通过极简的装饰手法营造出安静又质朴的空间氛围。

1

双玄关设计，一个负责储物，一个负责美感

屋主希望保留两个入户门。原入户处定制整排到顶收纳柜，水泥灰柜面与地面色调统一。另一处玄关位于客厅和花园衔接处，简单摆放一款定制的黑胡桃格栅斗柜，搭配禅意梅花框，彰显素雅之美。

2

以长桌为中心，打造多功能空间

客厅的设计原则上讲求远离电子产品，注重孩子的真正成长，因此不设电视机和沙发。一张 2 米长的大书桌是客厅的视觉中心，也为其复合功能提供了可能，这里不仅可以用来招待客人，还是屋主的工作区、孩子的学习室，以及全家人分享趣事和想法的空间。软装搭配上减少装饰，大面积留白，让公共空间显得格外通透干净。

1 柜体中间留空，兼具展示功能，吊柜底部暗藏灯带，营造出丰富的层次感。

2 中式梅花框似墙面的留白，是玄关的点睛之笔，有江南园林的即视感。

3 一张方桌、一盏钓鱼灯和几把圈椅勾勒出古朴的韵味。

4 胡桃木长桌质感温润，客厅成为阅读、工作、会客、家人互动的多功能场所。

5 “藏八露二”的柜体设计让空间不显压抑，柜体内嵌灯带，为空间增添柔和的气息。

1

封闭式厨房 + 圆形餐桌，营造生活中应有的烟火气

由于屋主的中式烹饪习惯，不适合做开放式厨房，设计师在餐厅和厨房之间打造了一扇玻璃移门，既阻隔了油烟，又能保证空间的通透性。厨房以原木色为主，搭配水泥色墙砖和黑色五金件，干净清爽。

餐厅摆放了圆形餐桌，平时一家人可围坐在圆桌上就餐。亲朋好友聚会时，就选用客厅的大书桌。原餐厅阳台被改造为榻榻米茶座区，窗外是小庭院，设计师在此安装了可调整光线的百叶窗，在午后，煮茶、看书，或与家人闲聊，“把时间浪费在美好的事物上”。

1 圆桌、圆形吊灯和圆形挂钟和谐统一，取“团团圆圆”之意。

2 餐厅背景墙上的极简挂钟与中式家具混搭出了不一样的美感。

3 阳台为榻榻米 + 储物柜的形式，加上百叶窗的曼妙光影，是一个可品茗、阅读的角落。

4 以集成灶代替抽油烟机，下面刚好可以嵌入烤箱。

对调两个卧室的位置，为孩子的成长提供更好的空间

屋主想把面积较大的房间留给两个儿子，因此设计师调整主卧和儿童房的位置，并将儿童房的门洞改到花园门廊处，使两个卧室彼此更独立。

主卧和儿童房的设计以功能性为主导，减少不必要的装饰，仅保留主要的睡眠功能，墙面留白，搭配胡桃木家具和棉麻床单，营造出温馨舒适的睡眠氛围。设计师希望在这样的空间里，居住者可以放慢脚步，享受生活原本的美好。

1 主卧面积较小，将内飘窗改造为书桌和榻榻米组合的形式，提高空间的利用率。

2 胡桃木床头柜和木框挂画都是设计师精挑细选的软装单品，提升了细节的精致度。

3 儿童房的设计偏向成人化，床的对面是整排到顶的储物柜，满足两个孩子的收纳需求。

4 儿童房使用了浅原木色调，配色上更显清新。

5 庭院占地 30 平方米，从庭院看室内，设计师说“灯亮了，才像家”。

129 平方米

家庭成员：**夫妻 +1 个女孩**
房屋格局：**3 室 2 厅 1 卫**
主案设计：**廖晨黎**
设计亮点：**色彩搭配、弹性规划**
使用建材：**木格栅、不锈钢洞洞板、大理石瓷砖**

空间设计和图片提供：诗享家空间设计

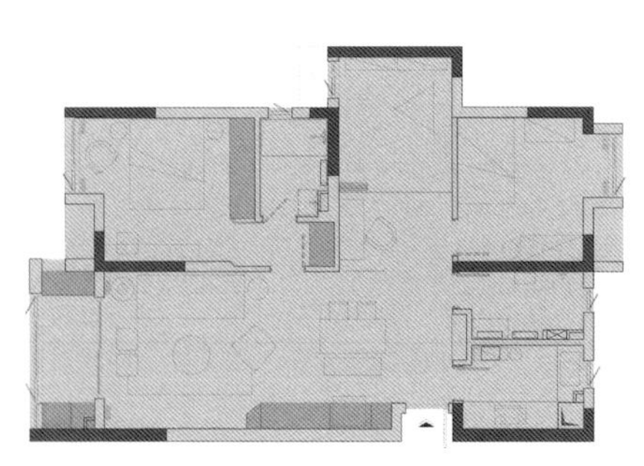

平面图

时光慢递

破解黑、白、灰的时尚密码

这套房子属于改善型住宅，屋主是一对年轻的夫妻，喜欢极简、纯粹的设计风格。两人有一个刚出生的小宝宝，父母偶尔会过来帮忙带孩子。屋主希望为孩子打造一间梦幻儿童房。

在充分了解屋主的需求之后，设计师通过合理的功能分区和充满创意的色彩搭配，巧妙地将实用性和审美性结合在一起，将房子设计成三口之家的理想世界。

黑、白、灰与焦糖色的碰撞

公共空间的主色调是高级灰，另加入灰粉色、黑色，形成统一的基调，三人位焦糖色皮沙发成为客厅的色彩点缀，在黑、白、灰组成的空间里并不显得突兀。为了确保空间的通透性，客厅保留原始层高，采用无主灯设计，点状光源加灯带的设计让光线更均匀、柔和。

客厅软装饰物之间看似独立，相互之间却又有着联系。月球茶几和地毯相互“对话”，黑色喇叭落地灯自带科技感，茶几上的宇航员摆件既是饰品，也是手机支架，设计中的细节亮点为空间加分不少。

1 客厅无大型收纳柜，设计感十足的小推车代替传统边几，艺术而灵动。

2 黑色喇叭落地灯自带时尚科技感，巧妙呼应了月球茶几。

3 靠阳台处摆放一张千鸟格方糖沙发，旁边是猴子托盘茶几，摩登而时尚。

4 月球茶几造型别致，与地毯的上弦月图案相得益彰。

5 黑色木格栅电视背景墙，格栅厚度为 20 毫米，在光影的衬托下，黑色也有了丰富的层次。

在黑色的空间中加点粉色

餐厅位于入户左侧，设计师靠墙打造了整面餐边柜，并将冰箱嵌入其中，释放厨房空间。粉色的漆面柜体为黑色的空间注入了甜美的气息，让屋主用餐时也能拥有好心情。开放格间的立面选用自然纹理的大理石，消解了整面柜体带来的压迫感，也便于摆放日用品。

1 黑色和浅粉色的搭配给人一种可咸可甜的美感。

2 餐边柜与客厅衔接处做弧形处理，让空间的过渡更流畅、自然。

富有童趣又实用，让孩子和空间一起成长

游戏房在书房后侧，设计师将过道空间扩展了进来。屋主原本想把此处作为衣帽间，但考虑到宝宝未来的成长需求，暂时规划为游戏房。室内沿墙放置了一组半高柜，大小不一的收纳盒解决了让父母头疼的玩具收纳问题。随着孩子的成长，这个空间也会不断变化。

3 小尺度的亲子空间，收纳空间和游戏空间缺一不可。

4 儿童房的墙面粉刷低饱和度的粉色，有助于宝贝入睡。

5 舒适的床品、软萌的配饰，为宝贝打造梦幻的童话世界。

45 平方米

家庭成员：**夫妻 +1 个女孩**
房屋格局：**4 室 1 厅 3 卫**
设计亮点：**LOFT 空间规划、垂直设计**
使用建材：**六角瓷砖、黑框玻璃移门、复古花砖**

空间设计和图片提供：家居达人小米

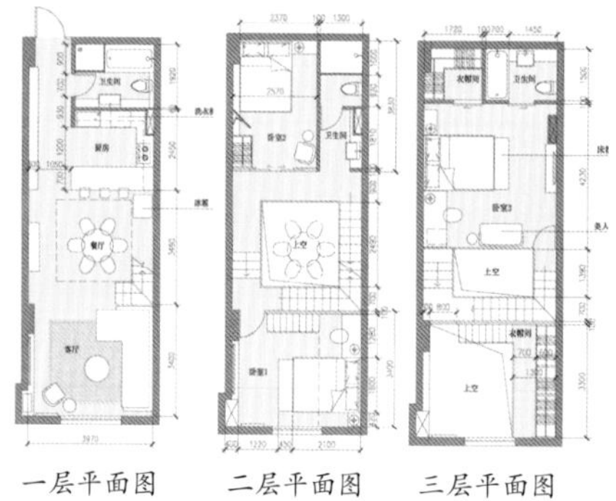

一层平面图　　二层平面图　　三层平面图

14

小米的家

8 米高 LOFT 两层变三层，旋转楼梯做书架墙

屋主小米算得上是一位真正的生活家，热爱家居设计、旅行、烘焙，以及一切与艺术有关的事情。在寸土寸金的北京，小米和丈夫最终看中了这套面积仅有 45 平方米，但层高达 8 米的房子。在充分了解了层高优势之后，小米对房子进行了大胆的改造。

在有限的预算内，将房子分为三层，改造出 4 室 1 厅 3 卫的惊人空间，实际使用面积达到了 135 平方米，而且实用和美观兼顾。

一层公共空间要美，更要实用

进门空间比较小，地面铺贴黑、白、灰六角瓷砖，定制了白色靠墙薄鞋柜，营造北欧风的清爽感，让人一进家门心情立刻放松下来。

客厅层高 3 米，比普通住宅的 2.6 ~ 2.8 米还要高一些，丝毫感觉不到压抑。屋主偏爱木质家具，尤其对胡桃木情有独钟，喜欢充满生活感的氛围，因此室内的电视柜、茶几、餐边柜、餐桌椅统一选用了黑胡桃木。另外选择了一款做旧的复古油蜡皮沙发，搭配各种绿植，彰显出屋主不俗的生活品位。

1 入户定制靠墙鞋柜，柜体下方挑空，能放得下三四双鞋子。
2 屋主喜欢淘货，超大号编织篮和原木换鞋凳是她淘到的性价比最高的小家具。
3 电视背景墙左侧定制了书柜，化解墙面不平整的难题。
4 胡桃木、大理石组合的茶几搭配色彩艳丽的地毯，巧妙中和木地板的深色调。
5 沙发两侧的单椅风格迥异，一个是复古墨绿色、一个是现代深棕色，混搭出不一样的美感。

一日三餐，早、中、晚

餐厅和厨房在同一个空间内，以白色为主色调，白色小方砖、白色橱柜、白色冰箱带来干净清爽的视觉感受。因为屋主每天要为女儿准备三餐，所以厨房的功能性十分强大。为了解决油烟问题，她选择了大吸力抽油烟机，在日常饮食上则以无油烟、清淡的食物为主。

墙面的利用也可圈可点，各式搁板、S 形挂钩都派上了用场，让锅具、菜板统统上墙，并分门别类地将调料、食材放进收纳罐，看得见的收纳不仅美观，也方便随手取用，每一寸空间都被安排得妥妥当当。

三层旋转楼梯 + 墙面书架，尽显灵动之美

为了保证采光和空气流通，屋主舍弃卧室面积，保留 8 米高的中空，三层旋转楼梯是工人现场焊接的，也是整个家最独特的设计。由于不靠窗，楼梯区域日常照明受限，小米特意挑选了一组高低错落的吊灯，纵贯三层楼。

楼梯的另一处亮点是书架墙，为了合理利用空间，屋主将原本凹进去的墙体设计成了两层书架墙，家人移步书架前，可抬手取出一本好书，顺势阅读。

1 层高 2.6 米的餐厨空间，杂而不乱，小而精致。

2 3 盏线形吊灯拉伸纵向空间，暖黄色光源让厨房看起来更温馨。

3 保留 8 米高的中空是屋主最得意的设计。

4 书架墙上安装有壁灯，搭配吊灯、射灯，保障楼梯空间的日常照明。

家有 4 间卧室，面积不大，但各具特色

考虑今后老人过来帮忙带孩子，小米在家里设计了 4 间卧室，主卧和儿童房在三层，另外两间卧室位于二层。主卧面积最大，层高从 1.7 米跨到 2.9 米，布置有卫生间、衣帽间，特别定制了低矮的榻榻米大床（不用担心孩子从床上掉到地上），让视线下移，带给人舒适的空间感受。

1 卧室和走廊之间使用黑框玻璃移门，增强空间的透光性。

2 主卧层高跨度较大，低矮的榻榻米木床让视线下移。

3 二层次卧高 2.6 米，以原木色为主，搭配素雅的床品、风格挂画营造舒适的睡眠氛围。

第 2 章

越住越舒适的零装感居住法则

居住
法则
1

去风格化，我的家，我自己去定义！

如今，家居装饰越来越多地表现出“去风格化”的特点——人们难以再将某种设计风格进行简单的归类。其实，这未尝不是一个好的趋势，毕竟每个人的喜好不同、生活方式不同，“好看的房子千篇一律”，而有趣的、适合自己的空间，才是家真正应该拥有的最好模样。

热爱阅读的屋主，可以舍弃客厅传统的电视背景墙，打造整面落地书架，搭配舒适的沙发、单椅，家人围坐在一起阅读、闲聊，营造出家庭图书馆的氛围。爱好收藏的朋友，在家设立专属收藏区，摆一组兼具展示、收纳功能的边柜，放满自己悉心收藏的好物。咖啡爱好者或有饮茶习惯的，可以为自己打造一个放松身心的茶水角。喜欢植物的屋主，在阳台布置一个植物角，种满花花草草，也是日常生活中非常幸福的事。

有孩子的家庭，需要为孩子打造一间既能玩耍又能学习、休息的儿童房，让空间陪伴孩子一起成长。有宠物的家庭，应考虑设计宠物空间，这都需要根据自家的实际情况去精心布置。

家是住出来的，无论是自己的兴趣爱好，还是钟爱的风格、颜色、单品，都可以融入家的设计过程中，这样无关风格的家，才是家真正该有的样子。**在装修之前，请不要将风格放在第一位，还是先想想自己的需求和爱好吧！**

▲ 定制整墙的开放式收纳柜，并采用嵌入式设计，让客厅充满浓郁的文化氛围（图片来源：涵瑜设计）

▲ 爱好收藏的屋主在餐边柜上摆满了从各地淘来的手工陶土摆件和各类碗碟、杯具（图片来源：路塔路塔工作室）

► 屋主爱好陶艺，沙发背景墙上的陶瓷摆件都是她的作品，让家烙上自己专属的印记（图片来源：境壹空间设计）

居住
法则
2

每个家庭成员都应有属于自己的空间

家的构成除了自己、爱人，还可能有长辈、儿童或者一直陪伴自己的宠物。家居设计中，最重要的不是装饰性，而是实用性，是每个成员都能在家中找到最舒服的生活方式。

对老人的关怀。如在长辈的卧床下设置感应灯带，在卫生间设置安全扶手，或者在淋浴区设置折叠凳等，**打造老人友好型居住环境，**尽量减少房子中可能出现的安全隐患，为他们打造一个安全又舒适的晚年生活空间。

对儿童的照顾。不能仅按照家长的意愿来设计儿童房，而要从孩子的真实需求出发，**结合孩子的年龄、爱好、生活习惯等规划成长型儿童空间。**低龄儿童的房间要重视安全性和趣味性，学龄儿童的房间则需要布置合理的学习区、储物区，尽可能设计出兼顾孩子当下与未来的成长空间。

对宠物很有爱的设计。如专门为宠物设置的小门洞、在墙上为猫咪设置的攀爬架，以及宠物专属的休息、进食空间等，这些设计把宠物的需求很好地融入了家居环境中。

装修一个家并不复杂，把住在屋檐下的家庭成员都考虑进来，把大家的需求集中起来，一个个地去满足。在生活感上花些心思，在装饰感上卸下包袱，你的家才会越住越舒适。

▼ 刷一面黑板墙，让孩子自由创作，铺上富有童趣的地垫，安全又舒适（图片来源：张成室内设计）

▲ 在餐厅一侧打造通顶的攀爬架，方便猫咪玩耍与休息［图片来源：里白设计（改造宅）］

居住
法则
3

别忘记给自己留一个“居心地”

“居心地”的理念是日本设计师中村好文提出的。他在《住宅读本》中这么描绘居心地：“在家里，如果能够拥有属于自己的、独立的、舒适的、长时间休闲的地方，或者是能够找出那样的地方，在享受居住的欢愉中，是一件极为重要的事。”

简单来说，**“居心地”就是在家里布置一处能让自己享受独处时光的地方。**可以是阅读角、手工角、工作角，也可以是咖啡角、健身角、植物角，还可以是被心爱之物包围的角落，等等。总之，这个地方是围绕自己的感受和兴趣而展开的，是一个不断“向内”探索的空间，也是我们每个人忙碌生活中的“回血”之地。

如果是一个阅读角，可以采用开放式书架和落地灯、扶手椅相结合的形式，或者把书籍随意码放成一列，夜晚打开落地灯，披上沙发毯，温馨的阅读角就此而成。同样地，咖啡角和植物角，除了搭配柜子、搁板架，还可以摆放装饰画、绿植、花瓶、烛台、香薰等摆件，“颜值”较高的地毯也是角落中不可忽视的装饰物。

每个人的家都值得拥有一个属于自己的“居心地”，哪怕简单到只是一张特别的沙发椅或者一个柔软的靠垫，在这里你会被舒适感包围。

▲ 能让自己静下心来做喜欢的事情的地方就是居心地（图片来源：家居达人小米）

▲ 家里应该有这样一方角落，让人慢下来，享受片刻的宁静（图片来源：南也设计）

▲ 组合式花架可以变换出不同的造型，搭配绿植，成为阳光植物角（图片来源：季意设计）

▲ 书房角落里的懒人沙发是屋主留给自己的治愈角（图片来源：杭州 TK 设计）

居住
法则
4

勿随波逐流，
和传统客厅说再见

提到客厅，你首先会想到什么？有贵妃榻的超大沙发、四四方方的大茶几，以及和电视机相匹配的长条电视柜等，这是传统客厅的“几件套”搭配模板，大多数人的家都可以套进传统模板。

作为家人活动核心的客厅，怎么规划布局、如何摆放家具，应由自己来决定。从前面的案例中我们不难发现，很多人都大胆舍弃了传统客厅，选择与自己兴趣、爱好相匹配的模式，客厅的打开方式也越来越多元化。

面临小户型收纳难题，可以定制整面电视柜墙，将电视机嵌入其中，实用又美观。爱好读书的屋主，可以把电视墙变成整面书架，营造出家庭图书馆的氛围。沙发尽量选择小尺寸的，最好由多人位和单人位围合而成，家人从“排排坐”模式变为围成一圈的“其乐融融”模式，沟通也更方便了。

沙发的摆放也不必拘泥于常规的靠墙式，可以靠窗，也可以居中，应根据自己的喜好来突出客厅的视觉中心。当然，**更大胆的做法是直接舍弃沙发，仅摆放一张大桌子，**让客厅变身为集办公、读书、会友、家庭交流于一体的多功能区域。

是时候打破一些传统观念了，换一种更符合自家生活习惯的模式，你会发现，家里的空间在发生变化，你和家人的生活习惯也在发生变化。

▲ 沙发、单椅的摆放呈围合式，更显亲密感，柜体有藏有露，兼具储物和展示功能（图片来源：凡夫室内设计）

◀ 客厅完全根据屋主的喜好来设定，电视机和沙发不再是必需品（图片来源：南也设计）

▶ 沙发不靠墙，背后定制嵌入式书柜，让客厅的设计感更强（图片来源：路塔路塔工作室）

居住
法则
5

不要一个人埋头苦干的厨房

小时候我对厨房的印象是狭小的房间里妈妈在油烟中动作麻利地做饭。现在，我们拥有更大的厨房、更便捷的家用电器，但还会经常看到下厨的人在厨房里独自忙碌，其他的人在做自己的事。

在封闭的空间里，面对厨房里的琐事和油烟的困扰，人难免会感到孤独。因此，越来越多的人开始接受开放式厨房，将封闭的小空间部分或完全打开，让视线不再受到遮挡。这样可以一边做饭，一边与家人交流，做饭不再是一个人的“苦役”。

打造一面半墙，在原本打算安装推拉门的位置做一个半墙隔断柜，柜体既能用来储物，也可以变身为时尚的吧台，简单的早餐、下午茶都可以在这个小操作台完成，非常实用。

把餐厅和厨房合二为一，打造开放式餐厨空间，刚出锅的菜一转身就能送到餐桌上，餐桌的热闹和厨房的忙碌结合在一起，构成了家里最美好的生活画面。

对油烟的顾虑，或许让大家对开放式厨房望而却步，但并不是没有合理的解决方法。逯薇在她的《小家，越住越大 3》中提出了非常实用的解决办法——打造可分可合的厨房，利用通透的玻璃移门，让厨房空间更加灵活多变。**“厨房的分合只是手段，人际交流才是目的”，**为了打造更好的厨房空间，多花些心思也值得。

▲ 餐厨一体式空间，实现下厨者与家人的无障碍交流（图片来源：季意设计）

▲ 可分可合的厨房，黑框玻璃移门为三联可折叠款式，更节省空间（图片来源：本空设计）

▶ 半开放式厨房，吧台也是厨房操作台面，做饭、交流两不误（图片来源：薄荷室内设计）

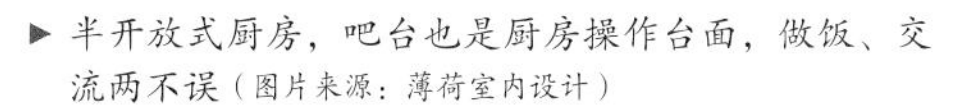

居住
法则
6

安排好家中的每一条路线

大家是否非常熟悉下面的场景：早晨准备上班时，在卧室、卫生间、玄关跑来跑去找东西，总觉得出门前的时间很紧张；做家务时，从卫生间拿工具，到阳台拿清洁剂，在南阳台洗衣，又要到北阳台晾晒；在厨房做饭，在灶台、料理台、水槽之间来来回回地折腾，怎么使用都不顺手……

这就是家居动线没有安排好。**家居动线，简言之就是人们在家里为了完成一系列动作而走的路线。**我们在家里的活动路径，会产生各种各样的动线，如果设计不合理，就会走很多弯路。在装修中，最好提前理清家中动线，保证每一件事情都能以最方便、最顺畅的动线来完成。例如，厨房动线，遵循洗菜—切菜—炒菜的做饭顺序，下厨时就会觉得动作流畅许多；还可以把洗衣区、晾晒区安排得近一些，这样洗完衣服就能直接晾晒，做家务时会备感轻松。

根据自己的生活习惯，将家里的物品安排到就近位置。把洗漱区、梳妆区以及换衣区安排在一条动线上，早晨准备上班时就不用在家里来回穿梭。出门要带的雨伞、钥匙、手表等，统一放在玄关，随手一拿就能轻松出门。

此外，家务区和休息区最好分开，这样做家务时就不会打扰到家人休息。**将生活的“动”区和休息的“静”区进行分隔，**该动时动，该静时静，互不打扰的空间布局才会让家居生活更加舒适。

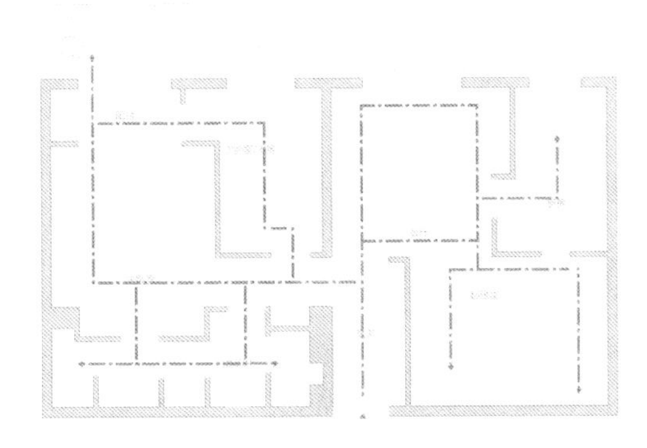

◀案例 3 收藏者之家
三大环形动线图

▶ 在主卧与阳台之间设置黑框玻璃移门，将阳台打造为第二个公共活动空间

▼ 次卧开了一扇通往阳台的门，与主卧形成一条回形动线

▲ 次卧门上开了一个专用门洞，方便猫咪到阳台上使用猫砂盒

（本页图片来源：路塔路塔工作室）

居住
法则
7

我家有个植物园

相信有很多人都羡慕国外网站上与植物为伴的家居理想生活！虽然不是每个人都能拥有种满花花草草的小院，但自己的小家也可以打造出迷你植物园，足不出户就能感受绿意盎然。打造植物园的前提是找到适合植物生长的空间，充足的光照、流通的空气必不可少，然后才是用心浇灌、悉心呵护，保证植物更好地生长。

植物的选择和搭配更为关键，龟背竹、琴叶榕、天堂鸟、散尾葵等网红高盆植物无疑是空间中最吸睛的存在，搭配些矮盆植物（如绿萝、西瓜草、矾根草等），再在墙面上布置点悬垂植物（如吊兰、佛珠、蕨类、空气凤梨等），错落有致，在各个角度都能看到植物，这才是充满层次感和高级感的植物角。花盆颜色也应尽量统一（推荐白色、水泥色、陶色），让种植区不显得那么凌乱。

布置植物角时，不要急于购买过于整齐的花架，不妨试试高低错落的摆法，家中的原木茶几、高凳都是不错的花架。植物角不仅仅有审美功能，摆上小茶几、沙发椅或者藤编坐垫，养护完植物，在这片绿色中喝茶休息、放松身心，汲取来自大自然的力量。

植物不必集中在一个空间，亦可分散在家中其他角落，如窗台搁板架上、沙发旁、端景处，这样走在家中任何地方都能有绿色相伴，心情也会变得更美好。

▲被植物包裹的家，沙发旁的巨型琴叶榕制造视觉焦点，搭配热带植物，充满生机

▲端景处的鱼骨令箭，自带高冷气质，让人一见难忘

▲远处是尤加利和空气凤梨，错落有致，富有美感

（本页图片来源：独立设计师刘畅）

居住
法则
8

刷一面色彩墙

在家居空间中，**色彩是人眼最先感知到的要素，也是空间装饰的密码。**运用好这一串色号数字，你的家才会显得与众不同。

不同的色彩能给人带来不同的情绪反应，红色热烈、蓝色静谧、绿色舒适、黄色温馨、紫色神秘，等等。除了这些基础色系，经过混合搭配，墙面有了更多的可能。比如时下流行的莫兰迪色、马卡龙色、脏粉色等，以及权威色彩研究机构——潘通每年发布的流行色，都为我们设计色彩墙提供了参考灵感。

挑选墙面颜色时，除了要考虑空间的功能性、采光以及软装搭配等，同样不能忽视色彩给人的视觉感受和情绪暗示。不用过于担心使用高饱和度色彩，最简单的办法就是直接刷一面色彩墙，鲜艳的色彩能够毫不费力地成为视觉焦点。初学者可以从某一功能区入手，如展示架、玄关、照片墙等，然后才是高阶的色块、撞色搭配。

玩转色彩墙的确不是一件容易的事情，但比起大白墙，还是会让空间出彩很多。深色的静谧高级、浅色的清新灵动，比起花花绿绿的墙纸，又是一种纯粹的美丽。**如果担心整面色彩墙过于喧闹，也可以只刷局部，或尝试有趣的复古半墙设计**——只刷墙围（高度距离地面 90 ~ 120 厘米），横向色块拉伸了空间，又多了些混搭的层次感，绝对是墙面的点睛之笔。

▲ 复古半墙设计搭配颇具现代感的家具和饰品，充满层次感（图片来源：薄荷室内设计）

▲ 几何拼贴背景墙搭配软萌家具、灯饰，带来不一样的视觉体验（图片来源：壹阁设计）

◀ 墙面如画布，看似随意的图案和配色，其实内藏深厚的设计功力（图片来源：独立设计师张冬月）

▼ 有格调的阳台多肉角，背后刷一面灰蓝色背景墙（图片来源：张成室内设计）

居住
法则
9

定制一款收纳功能强大的橱柜吧！

储物空间的大小往往决定着家里的整洁度，定制收纳功能强大的柜子，显得格外重要。是定制柜子还是买成品，是让很多人纠结的问题。在我看来，**定制柜体是更加个性化的空间设计**，可根据空间的实际大小来定制尺寸，最大化利用空间，加之合理的布局规划，搭配起来让居室的风格更加统一。当然，全屋定制的柜体成本也相对较高。柜体的造型、色彩、材质等都是非常重要的部分，在前面的案例里，你一定收获了很多不一样的柜子设计灵感吧！

整墙书柜、集成电视柜、嵌入式玄关柜等看起来非常酷炫。书柜墙甚至不用考虑过多的造型，因为每一本书都是独一无二的装饰品，再穿插一些个性摆件等，自然营造出家庭图书馆的氛围。

无须太复杂的柜门设计，看上去平淡无奇的白色通体柜，不抢空间的风头，让居室看起来清爽干净。如果你担心白色过于单调，也可尝试加入一些颜色，如原木色，比起白色的低调，带点颜色的柜子有助于凸显风格。

还有一种极简的设计——将柜子做在里面，不设柜门，外加一层窗帘。布艺窗帘相对于中规中矩的柜门设计有不同的装饰效果，让空间更显柔和，使用时全部打开，实用便利。你怎么会想到，背景布的后面竟然藏了一个超级大的柜子？

▲客厅打造了整面书墙，满屋的书籍带来令人震撼的视觉冲击（图片来源：深白设计）

居住
法则
10

我家再也不需要主灯了

灯光是家居设计中非常重要的一环，而今，照明设计也不再局限于“照亮”这一基础功能，适宜的光分布才是重点，优质的灯光搭配可以形成光与影的变化，丰富层次，营造出或温馨或高级的家居氛围。

是时候摈弃仅用一盏吊灯或吸顶灯照亮整间屋子的观念了，关注一下无主灯设计吧！以“光”作为设计元素的无主灯照明设计悄然盛行，照度均匀、光源丰富、层次鲜明、不占层高是其核心优势。

无主灯设计主要是利用点状光源 + 线形灯带来进行照明，可以是规律分散的筒灯、射灯，也可以用轨道灯来进行装饰，这样的顶面看起来会更加清爽，有轨道的射灯也能起到拉长空间的作用。分散式筒灯的光线布置，可应用在卧室、厨房、卫生间等空间中，但前提是对空间的顶面做好规划。

无主灯设计不代表全盘否定有造型感的灯具在家居装饰中起到的作用，例如吊灯，灯绳从顶直下，在空荡的房间里画出一条直线，搭配玻璃、陶瓷、皮质、透明或有褶皱的灯罩，给房间带来诗意，也更具有装饰感。**无论有主灯还是无主灯，都只是照明的一种手段，灯光营造的氛围才是照明设计的终极目的。**

▲ 暗装筒灯是主光源，轨道灯、落地灯是用于营造氛围的局部照明（图片来源：壹石设计）

▲ 在黑白的空间中，红色吊灯格外亮眼，恰到好处地活跃了氛围（图片来源：独立设计师刘畅）

▲ 艺术挂画、黑色茶几搭配金属线形吊灯，显得分外有趣（图片来源：JULIE 软装设计）

▲ 床头背板嵌入灯光条，搭配壁灯、小台灯，呈现立体的灯光层次（图片来源：费弗空间设计）

居住
法则
11

拱形门、V 形墙——让家变高级的造型设计

都说流行是一种轮回，当我们还在吐槽之前土味装修复杂的造型设计、追求简约的家居空间时，突然发现某些造型设计又“卷土重来”了!

时下，被设计师运用得最广泛的当数拱门设计了。从透视的角度来看，**拱门像一个空间的取景框，框住了我们精心布置的角落，**是居室中最容易打造又最出效果的造型设计。拱门设计不局限于空间的大小，在划分空间的垭口位置，就可以设计一扇拱门，让原本棱角分明的四方垭口变得圆润又有几分高级感。这样的拱门设计并不复杂，在原本的位置固定造型石膏板就可以，而且不挑居室风格，简直百搭。

在前面的案例中，也有新砌的 V 形隔断墙，打破原本隔墙的沉闷感，增强空间的通透性，让走廊看起来不那么无趣。

最后，再来说说家居达人们都很喜欢的复古风格——把石膏材质运用到了极致。墙面装饰或做一组简单的石膏框线，或打造一个拥有复古花纹的宫廷造型背景框，顶面再用石膏灯盘做造型。这些独特的造型设计让居室的个性更加突出，配合精致的软装搭配，就能打造出复古又高级的家。

▲ V 形墙赋予小空间层次感和通透性（图片来源：凡辰空间设计）

▲ 修长的拱形门在视觉上有垂直的拉伸感（图片来源：深白设计）

▲ 使用双层石膏板做 5 厘米宽的石膏线（图片来源：凡辰空间设计）

▲ 拱形门和拱形镜子相呼应，景中有景（图片来源：独立设计师张冬月）

居住
法则
12

用一张大长桌搞定家庭核心区

家庭核心区也是当下比较流行的一个概念，**核心区指的是你与家人经常待的地方，**也是最聚拢人气的地方。这里有最适合你的生活方式，也要融合一家人的爱好，家人围坐于此，各自做着自己喜欢的事情，互不干扰，又能看到彼此，家的模样大抵如此。

在装修设计之前，不妨提前考虑一下自家的核心区域，把最优的空间、最好的采光都留给它。家庭核心区可以是客厅，但也不必拘泥于客厅，餐厅、茶室、书房、阳台，甚至厨房都有可能成为家庭核心区。

如果家人喜欢在客厅、餐厅做各自的事情，相互之间缺少交流，那就用一张大桌子把大家聚在一起吧！这张大桌子不论放在哪个区域，都能让空间完美变身为多功能区。放在客厅正中位置，则可以省去沙发、电视机等传统摆件，一家人围绕着桌子活动：孩子在桌上写作业，大人在桌上或读书或办公，或者大家围坐在一起闲聊……其乐融融。放在餐厅，大桌子可以作为餐桌、工作桌、吧台等，一物多用，提高小户型空间的利用率。

一张大长桌为家人不同的喜好添加了共同的“容器”，彼此独立又相互陪伴。

▲ 长1.8米的大桌子，可用来看书、工作、喝咖啡，足以成为家庭核心区（图片来源：薄荷室内设计）

▼ 把采光最好的区域留给家庭核心区，樱桃木大长桌处于餐厅的中间（图片来源：路塔路塔设计）

居住
法则
13

家中不可或缺的自然元素

如果说五彩斑斓、色彩跳跃的家会让我们心潮澎湃、沉醉不已，那么，被自然元素包裹的家则能让人们暂时摆脱压力、静下心来。原木、藤编、棉麻等都是家中不可或缺的自然元素。

想要家里充满自然气息，餐桌、茶几、衣柜、卧床等大件家具均可选择原木材质。天然木材不但色泽温润、触感温暖，还能散发出原木香气，胡桃木沉稳、白橡木清新，原木家具总能给居室增添几分静谧氛围。

同样能给居室带来呼吸感的材质是藤编。**藤编是一项有着悠久历史的工艺，散发着与生俱来的慵懒和闲适感**，如今被广泛应用于家居装饰中，也深得室内设计师的喜爱。就大件家具而言，木质拼接藤编的家具相比纯实木家具，更质朴、更有韵味；而对于小件家具，如今最流行的当数藤编椅了，藤编椅采用常规的椅子外形，仅在靠背和坐垫部分增加些藤编元素，看起来非常有设计感。

大件家具虽然奠定了家居的格调，但小体量的装饰摆件运用得恰到好处也能让空间显得非常出挑。想让家更有呼吸感，还可以增加木质或藤编的装饰物件，例如木质画框、藤编收纳筐、藤编吊灯、藤编屏风等，在细节处彰显空间质感。

▲ 玄关藤编吊灯塑造丰富的光影层次（图片来源：独立设计师张冬月）

▲ 客厅藤编椅简洁轻便，带有弹性坐感（图片来源：有维空间设计）

▲ 卧室藤编椅可以作为迷你床头柜（图片来源：有维空间设计）

▲ 超大号手编藤编收纳篮（图片来源：家居达人小米）

居住
法则
14

花砖的艺术

装修中，瓷砖铺贴占了很大一部分。虽然装修审美慢慢往简约方向发展，但不得不说，地面的点睛之笔——**花砖能够赋予空间独特的色彩。**

花砖作为地面材料时，适用于某个较小空间的大面积铺贴，如玄关、厨房、卫生间、阳台等，为空间增加不一样的视觉效果。局部铺贴花砖也非常出彩，可以起到划分空间的作用，例如卫生间的淋浴区、厨房墙面的腰线装饰。还可以作为特定区域的装饰，如楼梯台阶或某个区域的背景墙。恰到好处的点缀能塑造视觉焦点，轻松活跃空间氛围。

花砖的点缀打破了空间的沉闷感，建议装饰墙面时，墙面空间可以大一些，或者合理安排与其他墙砖的主次关系，不要让墙面过于花哨。

花砖的图案、尺寸、形状也越来越多样化，既有同色调的，也有黑白主题的，还有几何图案的。花砖除了常见的正方形、长方形外，还有六边形、水滴形、鱼鳞形、灯笼形等。花砖不挑空间、不挑风格，简直百搭，建议初学者选择花纹简单的款式，如几何线条、黑白格等，这样不易出错。

▲ 玄关充满立体感的花砖（图片来源：独立设计师刘畅）

▲ 复古花砖和木地板巧妙拼接的玄关（图片来源：薄荷室内设计）

▲ 北欧空间中黑、白、灰组合的花砖（图片来源：鸿鹄设计）

▲ 自带复古感的六角花砖（图片来源：清羽设计）

居住
法则
15

墙上的风景

独一无二的墙面布置能够让房间充满魅力，并展现出屋主的个性，包括但不限于艺术画作、照片、地图、电影海报等，你喜欢的任何有趣的物件都可以上墙。当然，装饰画是软装设计中非常重要的元素，精心挑选风格出彩的装饰画，能给家增添不少艺术气息。

墙面可以选择单幅或多幅装饰画。单幅画作更具视觉冲击力，简洁大方，但对于画作的内容要求较高，需要挑选画面富有感染力或艺术性极强的作品。多幅装饰画则注重主题性或统一性，以便画作很好地融为一体，还要注意按照一定的顺序进行排列，这样才不会让墙面显得凌乱。

装饰画的种类繁多，有抽象画、油画、摄影作品、插画等。不同类型的装饰画搭配的空间风格也略有不同，油画可以搭配法式或美式风格，摄影作品可以搭配简约的现代风格，抽象画可以搭配富有艺术氛围的空间。

如何挑选让人眼前一亮的装饰画？需要加强自身的审美修养，多看书，多浏览相关网页，多关注优质的家居公众号等。装饰画不必是价格昂贵的，可以是旅行时淘到的一幅小画，可以是自己所在城市的线形地图，也可以是自己的手工作品、具有纪念意义的海报等。多多积累，放宽思路，你一定可以挑选出属于自己的装饰画！

▲装饰画不一定要挂在墙面上，靠墙摆放也会与众不同（图片来源：JULIE 软装设计）

▲沙发背景墙上的部分画作出自屋主之手，空间更显独一无二（图片来源：凡辰空间设计）

◀线条极简的装饰画营造出安静的空间氛围（图片来源：有维空间设计）

居住法则

16

自己动手，享受装饰家的乐趣

在装饰自己家的时候，你总是想买成品家具、饰品吗？前面的案例中，有很多屋主自己改造旧物、制作小饰品，有没有触动你呢？

下一次换房子，看看旧家具是否还有再利用的可能。沙发换上新的沙发套，就拥有了第二次生命；旧的家具刷上新的木器漆，摇身变成新家具；老木箱重新改造，也能变成一个风格感满满的茶几。旧物本身盛载着岁月的痕迹，有些背后还有动人的故事，翻新的过程中会给你带来不一样的惊喜。

对于家居饰品，其实不用刻意购买，生活中注意多多收集，动动手就能收获不一样的装饰品。捡一节树枝，捆一些干花，就是一件带有自然气息的装饰物；晾干鲜花，夹在画框里，个性装饰画就此完成；喜欢藤编制品的话，可以购买一些藤编材料，做成不同的装饰小物……

▼设计师和屋主亲手制作的藤编床头装饰品

▲制作现场，将藤编材料固定在背面的龙骨架上

（本页图片来源：有维空间设计）

居住
法则
17

你不可不知的花式置物架

说到置物架，你可能会想到这些：它是增加储物空间的神器，多用在墙面或角落。你不会想到，开放式置物架也能被玩出这么多的花样。

功能强大的挂墙柜系统。没错，就是把柜子“挂”在墙上。相对于笨重的实体柜，挂在墙上柜体更有灵气，通常由挂杆、搁板、柜子等单元件构成，可根据墙面尺寸组成各种样式，既能充分利用垂直空间，又能起到装饰作用。需要注意的是，开放式柜体容易落灰，需要经常打扫，同时还应考虑安装、承重等问题。

壁式图片架。说到墙面装饰收纳架，绕不开宜家莫兰达壁式图片架，该图片架自带凹槽设计，可防止物品掉落，不仅能摆放装饰画，还能收纳书籍、摆件。

自带装饰效果的洞洞板。简约的金属洞洞板、自然的木质洞洞板，玄关、客厅、厨房都适宜摆放，放在家中的任何角落都是一道亮丽的风景线。

◀ 原木洞洞板与火柴棍、层板随意搭配，充满趣味（图片来源：薄荷室内设计）

◀ 充分运用搁板、挂钩，丰富立面设计（图片来源：家居达人小米）

居住
法则
18

百搭圆桌正流行

有没有发现圆桌正在家居设计中慢慢流行起来？圆桌和方桌不同，从外形上来看，圆桌没有四四方方、棱角分明的界限。它小巧可爱，摆放不受限制，家人围坐在一起，无形中还能拉近交流的距离。

圆桌也非常适合小户型空间、公寓房和出租屋。和方桌一样，圆桌的款式多样，能选用各种材质。最经典的款式是白色郁金香圆桌，桌腿的弧形设计非常巧妙，简洁又百搭。郁金香圆桌有很多改良版本，只换一种材质或颜色，就能搭配出不同的感觉。

空间再小，只需要一张圆桌，就能打造出一个小型餐厅。圆桌和卡座搭配协调，让空间变得灵活多变，周围还能留出方便通行的过道。**除了做餐桌，圆桌还有多种用途，**无论是用在阳台打造休闲角，还是放在客厅作为边几，灵活的圆桌总能满足你的多重需求。

▶ 一人食、两人面对面、四口之家围坐，小圆桌都可以满足（图片来源：独立设计师刘畅）

第 3 章

零装感百搭单品推荐

1 灯饰

PH5 吊灯

品牌：Louis Poulsen
材质：铝、不锈钢
尺寸：宽 267 毫米 × 高 500 毫米

Louis Poulsen PH5 吊灯外形像重叠的贝壳，灯泡完全被灯体覆盖，从任何角度都看不到光源，避免了眩光对眼睛的刺激，是完美的餐厅装饰吊灯。

PH5 吊灯舒适的区域光可以突出餐桌上的食物，漫射的环境光让厨房和餐厅氛围感十足。

AJ 落地灯

AJ 系列灯具是一款有着几十年历史的老牌灯具，造型流畅，不对称的灯头、特色凹槽、有些倾斜的灯杆组成了 AJ 落地灯。

这款精致的落地灯拥有迷人但不显眼的外观，能很好地与居室融为一体，适合放在沙发边和床头旁作为阅读灯。

品牌：Louis Poulsen
材质：铝合金
尺寸：高 1300 毫米

Flower Pot 台灯

Flower Pot 台灯又名花盆台灯，由两个半球组成，外形小巧可爱，拥有圆润的造型和丰富的色彩，灯罩上具有标志性的 LED 圆环，既是照明灯具，又是很好的装饰品，充满复古风情。可以放在玄关柜、床头柜、边柜上，无论置于哪个角落，都十分抢眼。

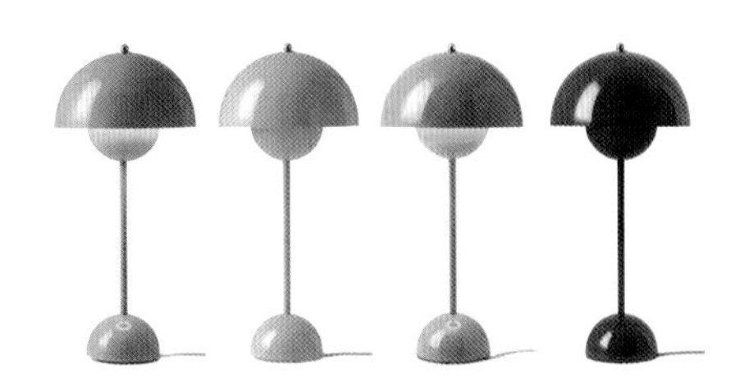

设计师：维奈·潘东（Verner Panton）
材质：不锈钢、金属
尺寸：宽 230 毫米 × 高 500 毫米

IC Lights 恒星系列灯

IC 系列有吊灯、落地灯、壁灯和台灯。纤细的黄铜支架搭配柔和的蛋白色吹制玻璃，辨识度极高。此款灯具将极简主义美学发挥到了极致，简洁的线条和别致的外形构造出富有诗意的光影，辅以迷人的黄铜，还原空中挂着一轮满月的场景。

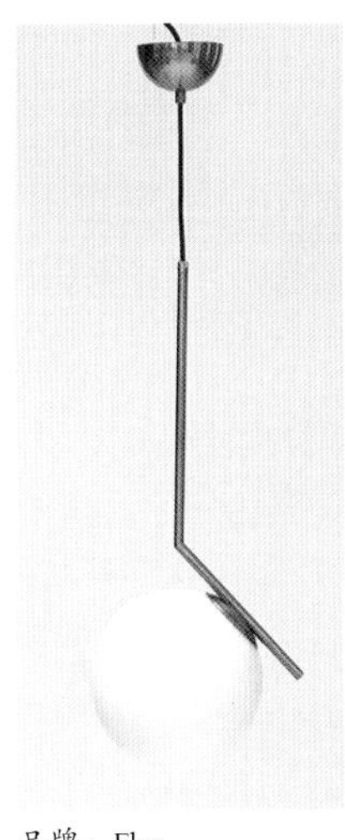

品牌：Flos
材质：黄铜、吹制玻璃

（图片来源：Flos 官网）

2 单椅

索耐特 18 号曲木椅

索耐特 18 号曲木椅是一款经典单椅，拥有优雅的线条、曼妙的身姿，仿佛一个古典到现代的过渡品。18 号曲木椅发展到现在衍生出了多种颜色和不同的坐垫款式，椅背采用独特的曲线设计，圆润的线条恰好可以与餐厅的圆桌相呼应，营造出古朴又典雅的空间氛围。

设计师：迈克尔·索耐特（Michael Thonet）
材质：欧洲山毛榉木
尺寸：深 450 毫米 × 宽 420 毫米 × 高 900 毫米

昌迪加尔藤编木椅

设计师：皮埃尔·让雷特（Pierre Jeanneret）
材质：榉木、藤条
尺寸：深 540 毫米 × 宽 520 毫米 × 高 720 毫米

要说现在最流行的单椅，就不得不提藤编椅了，昌迪加尔藤编木椅能很好地凸显空间氛围，并在现代与传统、新与旧之间找到了完美平衡。富有线条感的座椅和藤编椅面巧妙结合，粗犷中带有一些艺术气息，为家居空间注入独特的复古美感。

The Chair

设计师：汉斯·韦格纳（Hans J. Wegner）
材质：木、皮革
尺寸：深 460 毫米 × 宽 590 毫米 × 高 760 毫米

“The Chair”于 1949 年问世，以流畅的线条和极简的设计而得名。座椅从造型到构件浑然一体，无棱角，坐感舒适，肯尼迪和奥巴马都坐过此款椅子，因此也叫“肯尼迪椅”或“总统椅”。

蚂蚁椅

设计师：阿诺·雅各布森（Arne Jacobsen）
材质：喷塑钢管、曲木板
尺寸：深 530 毫米 × 宽 540 毫米 × 高 785 毫米

蚂蚁椅因外形酷似蚂蚁而得名，诞生于 1952 年，具有雕塑般的美感。简约的线条分隔、有趣的外形设计，加上符合人体工程学的椅背弧度，让蚂蚁椅充满生机与活力。

Roly Poly 象腿椅

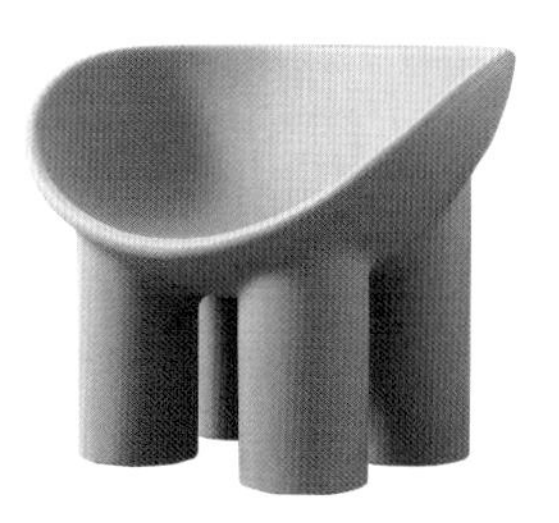

设计师：菲·图古德（Faye Toogood）
材质：PE 塑料
尺寸：深 570 毫米 × 宽 840 毫米 × 高 630 毫米

象腿椅拥有矮胖的外观、丰满的腿形和勺形座面，俏皮可爱，带给人全新的视觉感受。半包围的椅身设计能给身体很好的支撑，坐感舒适，是家居空间中超“吸睛”的休闲单椅。

3 家居收纳

壁式图片架

如果你不知道如何装饰墙面，可以试试莫兰达图片架。窄边墙架和中间的凹槽设计能很好地固定装饰画。虽说是图片架，但它的功能不仅仅是摆放照片这么单一，不同尺寸的架子搭配组合，可以放置装饰摆件、书籍、杂志等，达到意想不到的墙面装饰效果。

品牌：宜家
材质：纤维板
尺寸：宽 12 毫米 × 长 55 毫米（最小）

日式置物架

从没想过木质和不锈钢能擦出“火花”，最近很流行的日式置物架就是这样的组合。根据空间的大小，可选择不同的尺寸，搭配收纳盒、装饰摆件，既增加了家里的储物空间，又注入了满满的生活气息。

置物架层板灵活多变，可增加不同的组合件，变身为可封闭、可开放的收纳柜，为灵活储物提供更多可能。

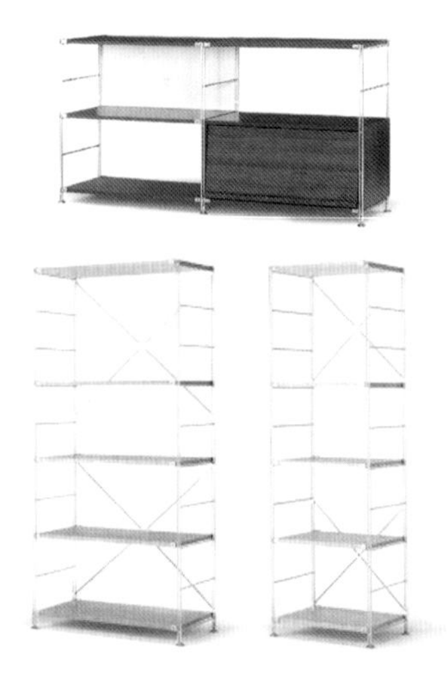

材质：304 不锈钢框架、饰面板
尺寸：多样

搁板架

同样是金属和木质的搭配，String 这款搁板架也非常百搭。线条感十足的外观搭配不同颜色，上墙后自带风格属性。可轻松用在家中的任意空间，不管是单组上墙还是多组搭配，都能起到很好的装饰效果。

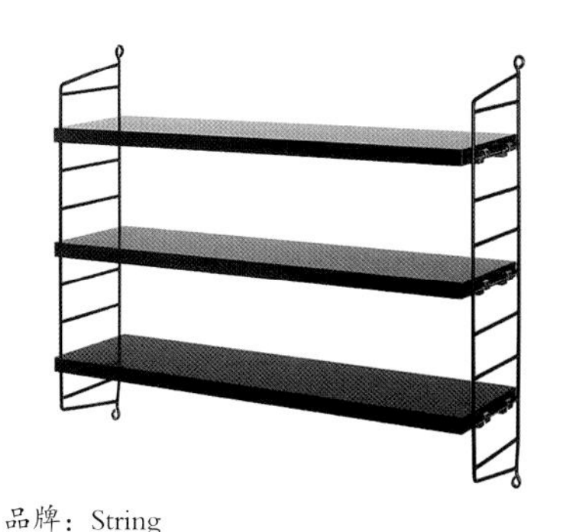

品牌：String
材质：涂漆钢、木
尺寸：宽 150 毫米 × 长 600 毫米 × 高 500 毫米

（图片来源：String 官网）

洞洞板

最后一件上墙收纳好物是斯考迪斯洞洞板。此款洞洞板造型简约，配件丰富，能满足屋主的多种收纳需求，可挂在家中的任何地方收纳小物品，营造井然有序的空间氛围。

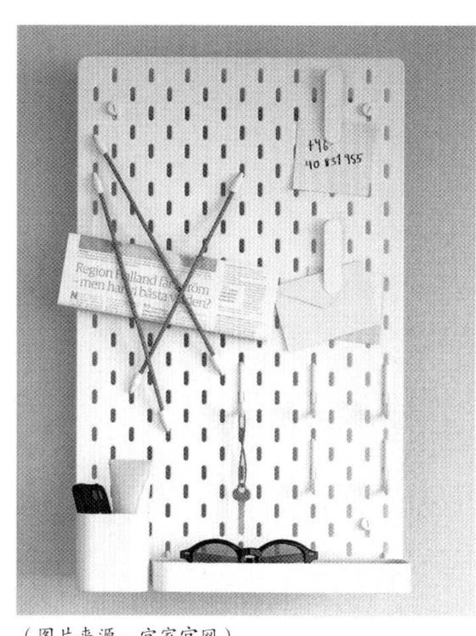

（图片来源：宜家官网）

品牌：宜家
材质：钢、聚酯粉末涂层
尺寸：宽 360 毫米 × 长 560 毫米

4 装饰摆件

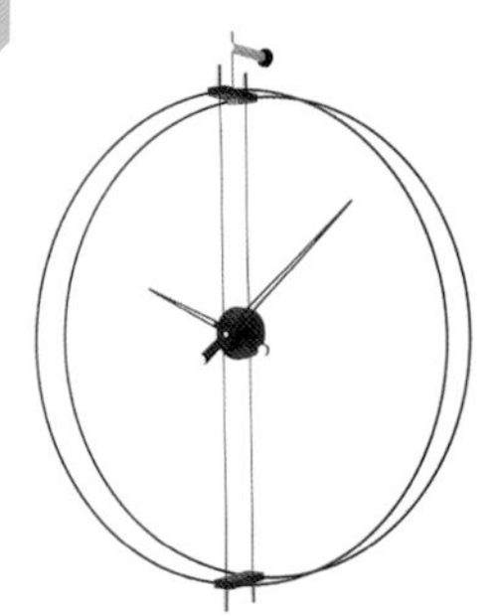

Nomon 挂钟

Nomon 挂钟由两个高分子纤维环组成，天然胡桃木和镀铬钢的内部细节浑然天成，既不失极简格调，又增添了前卫的设计，呈现出满满的概念感和艺术气息，是非常好的墙面装饰物。

品牌：Nomon
材质：高分子纤维、胡桃木、镀铬钢
尺寸：高 1000 毫米，表盘直径 900 毫米

（图片来源：南也设计）

Punto Y Coma 挂钟

Punto Y Coma 挂钟与生俱来的艺术气息让它不只是家居生活中的附属配件，更是醒目的点缀，让人眼前一亮。

品牌：Nomon
材质：金属、胡桃木
尺寸：高 1130 毫米，表盘直径 370 毫米

材质：陶

尺寸：多样

莫兰迪花瓶

花瓶采用了经典的莫兰迪色，外形、色彩以及略微粗糙的磨砂质感，给人柔和、优雅之感。无论是单件搭配，还是整体装饰，莫兰迪花瓶都能给空间增添艺术气息。

爱书人花瓶

书也能变成一个花瓶？这款花瓶以书为创作灵感，造型独特。作为花瓶，插满鲜花，仿佛从书中延伸出一个多彩世界。作为摆件，它是一件很有设计感的单品。

材质：陶瓷

尺寸：长 129 毫米 × 宽 100 毫米 × 高 198 毫米

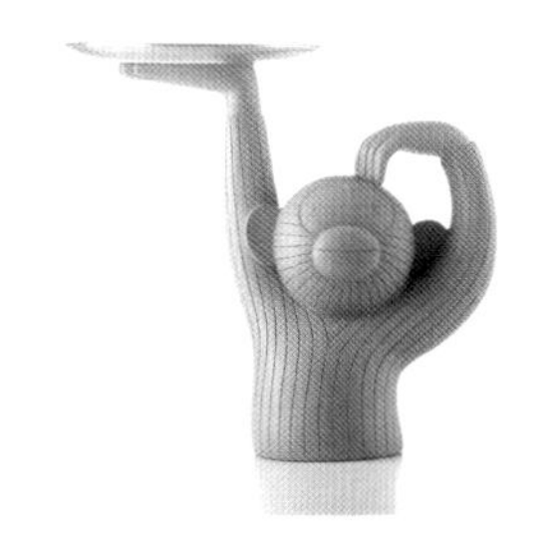

材质：树脂、不锈钢盘

尺寸：宽 100 毫米 × 高 250 毫米

猴子托盘

家居装饰中有不少有趣的动物摆件，猴子托盘就是其中之一。设计师的灵感来源于调皮可爱的猴子，挠头的猴子造型呆萌有趣，令空间妙趣横生；多色可选，是调剂生活不可多得的装饰小物。

特别致谢（排名不分先后）

路塔路塔工作室

地址：北京市朝阳区半截塔路 55 号七棵树创意园 C8-8

清羽设计

地址：成都市东紫路翠林华庭 20-629 室

薄荷室内设计

地址：深圳市龙岗区坂田万科第五园三期（别墅区）文华府 L 栋

凡辰空间设计

地址：北京市朝阳区草场地艺术区 246 号院 122 室

壹阁设计

地址：成都市成华区万科北路 5 号万科魅力金库三单元

有维空间设计

地址：武汉市江夏区纸坊九全嘉国际广场 3 号楼 1004 室

深白设计

地址：天津市河西区珠江道 59 号月坛文创中心 G1 馆

本空设计

地址：杭州市拱墅区万达广场 A 座 1801 室

成都宏福樘设计

地址：成都市二环路西一段 6 号红星美凯龙双楠店 A 区 2 号楼电梯 901 室

南也设计

地址：重庆市南岸区亚太商谷 5 栋 27-7

诗享家空间设计

地址：武汉市武昌区联发国际大厦 1111 室

独立设计师张冬月

地址：北京市朝阳区大悦城 10 楼 wework 联合办公室

木质生活（家居达人小米）

独立设计师刘畅

图书在版编目（CIP）数据

向美而生 ：零装感的家这样设计 / 聂洋编著. --
南京 ：江苏凤凰科学技术出版社，2020.10
ISBN 978-7-5713-1450-7

Ⅰ. ①向… Ⅱ. ①聂… Ⅲ. ①住宅－室内装饰设计
Ⅳ. ①TU241

中国版本图书馆CIP数据核字(2020)第178222号

向美而生　零装感的家这样设计

编　　著	聂　洋
项目策划	凤凰空间 / 庞　冬
责任编辑	赵　研　刘屹立
特约编辑	庞　冬　王梦青
出版发行	江苏凤凰科学技术出版社
出版社地址	南京市湖南路 1 号 A 楼，邮编：210009
出版社网址	http://www.pspress.cn
总 经 销	天津凤凰空间文化传媒有限公司
总经销网址	http://www.ifengspace.cn
印　　刷	天津图文方嘉印刷有限公司
开　　本	889 mm × 1194 mm　1/32
印　　张	5
字　　数	128 000
版　　次	2020 年 10 月第 1 版
印　　次	2020 年 10 月第 1 次印刷
标准书号	ISBN 978-7-5713-1450-7
定　　价	49.00 元

图书如有印装质量问题，可随时向销售部调换（电话：022-87893668）。